中國兵學大系

【08】

李浴日◎選輯

兵跡

《兵跡》

兵跡目錄

兵跡卷一

甯都魏　禧凝叔編輯

歷代編

太古之世民物友處無有妎傷之心迨後機智漸生茹血衣皮獸有爪牙角尾之利民因剡材木以相拒觸民物相攫而有武矣又聞喜曰聖人師戰蟺制兵

伏羲　伏羲氏造干戈以飾武此干戈之始也仰觀積卒制五營九軍而營陣興矣

神農　神農伐補遂國大戰克之而征伐起矣

黃帝　黃帝習用干戈教熊羆貔貅貙虎六獸之能

戰者與榆罔戰于阪泉三戰然后得其志而有獸戰蚩尤好兵喜亂造刀戟大弩暴虐天下而有刀戟大弩戰帝命揮作弓夷牟作矢而有弓矢戰與蚩尤戰于涿鹿蚩尤作大霧迷軍士帝復作指南車以辨四方擒蚩尤戮之而有霧戰車戰矣帝內行刀鋸外用甲兵制陣法設麾旗命岐伯作鼓吹爲軍中警衞作鐃角爲號令限度作鞞鼓以當雷霆鑄銅鉦以擬雹聲以師兵爲營衞至是而兵戰備

顓頊　卽高陽氏也太史公律書曰黃帝有涿鹿之戰以定火炎顓頊有共工之陣共工主水官也少昊

金天氏衰秉政作虐故顓頊伐之木主火者因水害
也

帝嚳　共工不職初與女媧氏較卒再與祝融氏戰
至帝嚳之世復行亂象故云共工亂象高辛行師又
曰高辛有熊泉之役

唐　堯伐叢支胥傲驩兜宗膾西夏仁而去兵城郭
不修武士無位又伐之又云堯有丹水之師水衡爲
患命鯀濬治築堤爲城以禦水衡城守起矣又益烈
山澤而生火攻禹驅龍蛇而生水戰

虞　有苗昏迷不恭舜命禹征誓曰一乃心力其克

有勳后班師舞干羽兩階用文德克苗是攻心法也
夏　處士東鬼塊責禹亂天下事禹退作三軍强者
攻弱者守敵戰攻守蓋禹始之也復有共工之伐至
啓大戰于甘伐有扈曰左攻左右攻右御以正而車
戰著至帝相復征之不勝曰德之不厚教之不修也
仍用攻心法班師隱神期月而有扈服羲和廢職仲
康命亂侯征之刻期候法整宥脅從法仁重威克法
嚴至是而兵法詳及少康以二斟餘燼滅浞滅澆滅
豷復禹舊績中興之始見也彼桀恃其力伸鈎索鐵
伐蒙山獲妹喜亡國雖有力能戰而女禍肇矣

商　湯十一征而無敵主仁義高宗伐鬼方三年乃克或謂乃伐楚地苗民又曰係北方匈奴言伐鬼方者能深入險地三年克者能持久而勝也紂力格猛獸率旅若林而以不德用多宜其倒戈崩焉

周　周自季歷伐始呼之戎伐翳徒帝乙嘉其功而錫侯文王伐邢伐崇伐密須治不義以大主威使後世無不職臣宣王使尹吉甫伐玁狁用薄爲千古禦戎上策而其戰法則武王伐殷曰革車三百步伐止齊不紊其兵制則立賦邱之法八家爲井十六井爲邱四邱爲甸共五百一十二家出戎馬四匹牛十二

頭輕車一甲士三人中主御左射右刺步卒七十二人副戰補替重車一炊子十人守裝五人樵汲五人廄養五人合二車共百人謂之一乘萬二千五百人爲軍軍百二十五乘天子六軍大國三軍小國一軍軍從車兵從邱車戰而賦甲于邱而軍兵名焉于鄉遂封溝藉其人民備其兵衆敎之伏獵賦法詳農戰興矣輕車即革車兵車也重車載衣甲器械糧草也輕車出戰重車營守而戰守分矣周公征四國穆王征徐戎犬戎尹吉甫征玁狁召虎征淮夷大率循此

春秋　自平王轍東十八世天子擁虛名征伐一出

于諸侯桓文尊攘秦穆楚莊宋襄爭霸方伯連帥而有伯戰猶貳而執服而舍交質交盟重辭令尚兵聲師以義動者勝恥爲城下盟至齊內政晉州兵魯邱甲楚兩廣則各自爲制也

戰國　威烈之后七國爭戰不已吞併諸侯謂之戰國尚游說縱橫捭闔虛疑恫喝甯越徐尚蘇秦杜赫商鞅爲之謀齊明周最陳軫昭滑樓緩翟景蘇厲樂毅張儀通其意吳起孫臏帶陀倪良王廖田忌廉頗趙奢白起王翦制其兵又曰齊愍以技擊勝魏惠以武卒奮秦昭以銳士勝又各自爲勝也

秦　秦襄作車隣駟鐵而兵始強孝公用商鞅嚴法
而民勇公戰始皇虎例梟磔蠶食趙魏燕巧取齊拙
取楚南取百越使蒙恬逐匈奴河南地築長城起臨
洮訖遼東延袤萬里以遮胡爲千古憑守故曰強莫
如秦

西漢　高帝善將將堅忍取勝百敗而得天下文帝
備夷念李齊思頗牧按細柳匈奴三入三拒不窮兵
出塞則非黷武景帝任智囊覆七國使反亟而禍小
武帝好大喜功勤遠畧拓地萬里置都護戊己校尉
輪轉寄治爲中國統夷狄之首至昭帝傅介子誘斬

樓蘭至宣帝馮奉世矯殺莎車趙充國擊破羌夷至
元帝甘延壽矯滅郅支咸能取勝夷狄以續武帝之
業故說者稱秦皇漢武
東漢　光武推赤心置人腹中小怯大奮被甲躍馬
以收天下即修文景之術閉玉關謝西域偃兵修文
能動而亦能靜至明帝竇固開三十六國章帝威振
西域和帝以竇憲北擊匈奴出塞三千餘里討焉者
納質五十餘國四萬里外皆重譯來朝自建武迄永
元齊民歲增土地世闢至桓帝用單超爲車騎將軍
乃肇宦者柄兵之禍然其時猶有張奐擊降左薁鞬

臺者破羌夷是漢之戰功在夷狄制夷狄者莫漢若

末漢昭烈信大義于天下反敵所爲所謂操以急吾以寬操以暴吾以仁操以譎吾以忠然偏安一隅進以戰退以守交權而拒操未能大展其志也

西晉　司馬懿用兵若神謀無再計拙以禦蜀智以殺奕速以擒孟達緩以斬公孫文懿炎分道滅吳外患雖絕戢州郡之干戈而武備單虛雜夷種于內地而蛇虺居室故惠弱八王樹兵壞政五胡割裂劉聰一寇天子囚執彼以爲漢撫夷狄而治之不知雜夷種于內地其遺禍更烈也

東晉　元帝以胡患逼迫自板江南賴有諸賢戮力匡延與午為中朝偏安之首明帝崎嶇遵養殄殲王敦止自靖厥愆成帝用溫嶠陶侃討峻殺逸亦稍平叛亂穆帝降漢人敗秦兵破姚襄于伊水修陵置戍數十年中原淪滅是舉差強人意能重任桓溫故耳苻堅大舉入寇幸安石公處分內舉得人用間亂賊草木風聲皆為晉兵而夷再創矣兩晉之戰始終遏夷以不行江蔬勢欲徙夷之論也

五代　江南承弊三百年來無攘夷之戰功開國者雖能戰柄兵俱秉弱竊奪因循江左即宋劉裕草澤

英雄生擒數天子亦未能稍撼拓跋追隋文乃以北備南混一天下突厥諸夷稽顙稱臣武功烈矣而煬過恃三伐高麗一幸敝民黷武太過王業隨隳則戰功舉不足述彼韋檀韓賀諸將又安能奮其威武以建不世之勳哉

前唐　唐之立戰制兵也效古寓農之法均天下之田與民而又散田與兵分天下爲十道置府六百三十四悉募本地壯勇而給本地之田是爲府兵兵十人爲火火有長五十人爲隊隊有正三百人爲團團有校尉上府千二百人中府千人下府八百人總名

之曰折衝府悉隸諸衛宿衛者番上民年二十而選六十而免能騎射者為越騎官給馬值餘為步兵器甲衣糧皆先有數自具輸之庫行則給之每歲季冬折衝都尉帥以教戰無事則耕于野有事則朝以勅書契魚下都督郡府參合然后發之事已兵歸于田將還于衛故國無養兵之費將無專兵之患其地有警即發其四近之兵神速捷便而寡遠苦三代而下稱兵法之善者以唐府兵為最也然借突厥兵將胡將開基知其利而忘其害遂處突厥于內地以番將代漢將精兵咸戍于北邊中國單虛致胡雛一發河

北皆失晉留三百年禍害不意唐以兩英主復蹈之
也
後唐　肅宗返旆靈武再造郭李力也所失者平盧
節度使王玄志卒不自選授乃遣察軍士所欲立者
因與旌節大阿倒授矣自是生殺予奪皆由軍士朝
廷無與焉始也廢立軍帥在其手流及五季廢立天
子任其意將士重而朝廷輕中雖英主間出力欲裁
制德宗斬李崇義誅李惟岳憲宗任杜黃裳裴杜李
愬擒劉闢執李錡平李師道縛盧從史服王承宗擒
吳元濟武宗用李德裕定太原取上黨討澤潞禦回

鶻宣宗欲成先志克復河湟前後懲薹者凡幾而過激則起變稱亂姑息則抗命留賦唐之府兵三變一變爲彍騎再變爲藩鎮藩鎮之害則李崇請改鎮爲州之議不行也

五季　五季以兵强馬壯者得天下將而爲帝多由軍士擁戴或劾推尊或獻晝日筆或倡帝業可成或贊正位咸陽或裂黃旗加體俱兵不血刃無事于戰其流弊蓋由于藩鎮之爲也惟莊宗不解甲十五年定天下于十指而府錢不給軍士解體潞王掃清君側剛愎不恤軍士悔心卒貽禍害以故姑息厚賚者

比比石晉反其所爲誅盜紙錢一嶼遂定三鎮之亂周世宗誅樊愛能何徽遂復江淮秦隴關南之地五代一十二君五十三年將驕卒惰世促代更君子謂之不成代

北宋　太祖以不戰有國且鑒五季之弊釋將士兵權太宗岐溝一敗至終宋世莫敢有進窺燕朔者幸寇公決策贊真宗親征不斬孤注乃成南北兩大其後西夏小醜雖以韓范重望弗奏膚功謂本朝用兵不及前代信矣是北宋有相無將

南宋　高宗以元帥繼絕中興一時名將張韓劉岳

而外尙多傑挺走兀朮淸伊洛幾直抵黃龍而前后沮撓于汪黃秦史諸奸僅得偏安及棄遼結金棄金結元卽以文天祥張世傑開府臨戎勢不可支矣是

南宋有將無相

胡元　蒙古以力併土宇强桀務殺凡攻城臨敵敢有一矢遺加者得卽屠之故其入蜀殺人無限攻汴積骨如山卽伯顏一人屠城二百自鐵木眞起自朔漠至忽必烈稱位中土凡磔裂生靈共計一千八百四十七萬有奇以是滅國四十滅夏滅金滅宋西闢欽察三萬餘里南攻日南交趾以至八百媳婦混一

華夷斯皆自古來所未有之慘烈也夷性狼鹿不顧民怨不顧民變不顧民死盡不顧兵死盡強莫如秦大莫如漢元兼有之然不百年之運

昭代　我太祖龍興淮甸驅逐胡元統一天下開以南併北之首成祖三平安南七征沙漠搜踪馬糞南望北斗超秦皇漢武之烈所奇者靖難兵入失國之主能遜土木之變陷虜之帝再復武宗數出微行而仇越西擒寘鐇守仁南擒宸濠無栢谷黃鬚之虞斯三代而下絕無而僅有之事也而尤奇者張中以道人而扶周顛以仙人而扶程濟以異人而扶姚廣孝

以上人而扶故成絕古異跡至戰法與從來者不甚相遠而火攻至我朝獨著永樂間張輔征交趾得神槍火箭正德間汪鋐求廣人之在佛郎機國者得其大小銃製萬曆間香山澳禦紅毛番得紅夷砲製爲一大變崇禎間又得西洋大小砲製崩山裂海又爲一大變神而明之百千其法遂貽攻戰之利于萬世

列國編

齊　春秋時齊桓公與管仲謀從事于諸侯也作內政以寄軍令分國以爲三軍一爲公里一爲高子之里一爲國子之里擇其賢民使爲里之君鄉有行伍

卒長其制以五家爲軌軌爲之長十軌爲里里有司
四里爲連連爲之長十連爲鄉鄉有良人焉以爲軍
令五家五人故五人爲伍軌長率之十軌爲里故五
十人爲小戎有司率之四里爲連故二百人爲率連
長率之十連爲鄉五鄉一師故萬人一軍五鄉之師
率之三軍三鼓有中軍之鼓有高子之鼓有國子之
鼓且以田獵因以賞罰使百姓通于軍事春以蒐振
旅秋以獮治兵是故卒伍整于里軍旅整于郊內教
既成令弗使遷徙于是同伍之人人與人相保家與
家相愛少相居長相游祭祀相福死喪相恤禍患相

憂居處相樂行作相和哭泣相哀夜戰聲相聞可以不乖晝戰目相視足以相識其歡欣足以相死守則同固戰則同强因起于五故謂之五家之兵戰則遇敵三軍皆戰謂有此三萬人足以方行天下一匡九合功蓋烈也迨戰國時則荀卿曰齊人隆技擊蓋謂習手足便器械積機關以技巧取勝也曰得一首者賜贖錙金無本賞矣蓋謂其斬首雖戰敗亦賞不斬首雖戰勝亦不賞非有功同賞也故曰伺小敵之毳脆則可使偷竊當大敵之堅則渙然離耳與貸市井傭作之人而戰無幾矣是亡國之兵也在吳起時則

曰齊性剛其國富其君臣驕奢而簡于細民其政寬而祿不均一陣兩心前重後輕故重而不堅擊此之道必三分之獵其左右脅而從之其陣可壞則前可法而後不及也

魯

魯襄十一年初作三軍成公舍中軍作邱甲邱甲者邱自爲甲自是休少而從征多矣按古者四邱爲甸甸出長轂一乘戎馬四匹牛十二頭甲士三人步卒七十二人主御輕車出戰又二十五人炊爨樵汲守裝廄養主御重車守營二車共百人爲一乘又按八家爲井井八家也四井爲邑三十二家也四邑

爲邱百二十八家也四邱爲甸五百一十二家也乃出一乘作邱甲使邱出一乘較之甸四倍以賦兵也

燕　燕東有朝鮮遼東北有林胡樓煩西有雲中九原南有滹沱易水地方二千里帶甲數十萬南有碣石雁門之饒北有棗栗之利民雖不田作棗栗之實是足食于民矣是國富而軍興有資也安樂無事不見覆軍殺將之憂以秦不能遠攻而趙蔽于其南也秦趙五戰秦再勝而趙三勝秦趙相斃而燕以全制其后是不必戰而可屈人之兵地勢然也吳起曰燕性慤其民愼好勇義寡詐謀故守而不走擊此之道

觸而迫之陵而遠之馳而后之則上疑而下懼謹我
車騎必避之路其將可虜

晉　晉初一軍至獻稍強分三軍公將上軍太子將
下軍又作五軍晉襄舍二軍而爲三軍又曰晉惠作
州兵二千五百家爲州又使州長各繕甲兵晉文作
三軍郤縠將中軍又曰晉陣三行則軍強矣魏絳請
輸積聚以貸國自公以下苟有積者盡出國無困人
則國富矣所以三駕而楚莫能爭

秦　秦生民也陿隘使民也酷烈戰勝則厚賞使習
以爲常不勝則刑罰以陵藉之有軍功者率受上爵

無軍功雖宗室不得為屬籍凡獲五甲首者則得役
隸其鄉里之五家故民之所以要利于上者非鬬無
由也至商鞅民勇公戰則賞為私鬬則以輕重被刑
故民勇公戰而怯私鬬最為衆强然皆干賞蹈利而
無節制故曰不敵桓文之節制韓子曰商君之法斬
一首者爵一級欲為官者為五十石之官斬二首者
爵二級欲為官者為百石之官官爵之遷與斬首
之功相稱也而所據地形巻常山則抑天下之脊出
三晉則撫天下之胸循江流不汗馬十日至楚扞關
故曰居建瓴之勢過秦論曰秦人開關以延敵六國

之師迴翔而不敢入是據重關之險而擊之者難也
吳起曰秦性強其地險其政嚴其賞罰信其人不讓
皆有鬬心故散而自戰擊此之道必先示之以利而
引去之士貪于得而離其將乘乖獵散設伏投機其
將可取
楚　楚武作荊尸尸陣也楚莊作兩廣又曰楚陣二
廣二乘晉士會曰楚昔歲入陳今茲入鄭民不罷勞
君無怨讟政有經矣荊尸而舉商農工賈不敗其業
而卒乘輯睦事不奸矣蔿敖爲宰擇楚國之令典軍
行右轅左蓐前茅慮無中權後勁百官象物而動軍

政不戒而備能用典矣此荆尸之效也欒書曰楚自克庸以來其君在軍無日不討軍實而申儆之其君之戎分爲二廣廣十五乘廣有一卒每乘百人卒偏之兩二十五人而兩之也右廣初駕數及日中以至于昏內官序屬其夜不可謂無備此兩廣之妙也荀子曰楚人鮫革犀兕以爲甲鞈如金石宛鉅鉄鉇慘如蠭蠆輕利僄遬卒如飄風此其邱甲堅利也汝潁以爲險江漢以爲池限之以鄧林緣之以方城此其險隘固塞是兵強難戰也吳起曰楚性弱其地廣其政騷其民疲故整而不久擊此之道襲亂其屯先奪

其氣輕進速退弊而勞之勿與爭戰其軍可取張儀
連橫則曰楚卒雖衆然而輕走易北不敢堅戰則兵
弱易勝也又曰蜀地之甲浮汶五日而至郢漢中之
甲輕舟出於巴乘夏水下漢四日而至五渚又楚之
受秦之戰也

吳　吳澤國多習水戰然夷狄不能車戰不曉中國
陣法楚巫臣爲晉聘吳教吳乘車教吳戰陣合晉牽
楚而楚始疲吳闔閭教民七年奉甲執兵奔三百里
而舍戰無不勝

越　勾踐返國生聚教訓二十年得君子師五千以

沼吳又云教其士臣三年于是故爲焚舟失火鼓而進之其士偃前列伏水投火而死不退又云教習流士四萬是會稽敗而人已空故多招流士亦一法也

宋　宋襄曰君子不重傷不禽二毛又曰不以阻隘不鼓不成列效古之爲軍正兵也世因其敗遂謂宋襄之愚

韓　韓地方二千里帶甲數十萬天下之强弓勁弩皆從韓出谿子少府時力距來皆射六百步之外韓卒超足而射百發不暇止遠者達胸近者掩心韓卒之劍戟皆出于冥山棠谿墨陽　令伯鄧師宛馮龍

淵大阿皆陸斷馬牛水擊鵠雁當敵則斬堅甲盾鞮鍪鐵幕革抉吠芮無不畢具以韓卒之勇被堅甲蹠勁弩帶利劍一人可當百吳起曰三晉者中國也其性和其政平其民疲于戰習于兵輕其將薄其祿士無死志故治而不用擊此之道阻陣而壓之衆來則拒之去則追之以倦其師此其勢也又壤與秦錯范雎曰舉兵而攻滎陽則成皋之路不通北斬大行之道則上黨之兵不下一舉而攻宜陽則其國可斷而爲三地勢使然又秦戰韓之法也

趙　趙地方三千里帶甲數十萬車千乘騎萬匹粟

支十年趙武靈王欲備燕破中山曰重甲循兵不可
以踰險遂教民胡服騎射踰九限之固絕五徑之險
至胡中闢地千里中國胡服騎射蓋始此也故燕栗
服欲乘趙曰趙民壯者死長平其孤未壯樂閒曰趙
四達之國其民習于兵不可與戰必其騎射善也
魏　魏氏之武卒以度取之衣三屬之甲上身一披
胸背者髀褌一蔽股閒者脛繳一纏足膝者操十二
石之弩負矢五十置戈其上冠冑帶劍贏三日糧于
身日中而趨百里中試則復其戶利其田宅謂除其
戶役給其便利之處不征傜也然氣力數年而衰而

復利未可奪改造不易用也故地雖大稅必寡兵强而國不富也故荀卿曰危國之兵而南與楚境北與趙境東與齊境西與韓境卒戍四方守亭障者參列固四戰地也而又畏水秦張儀曰乘夏水浮輕舟强弩在前銛戟在後決滎口魏無大梁決白馬之口魏無濟陽決宿胥之口魏無頓邱陸攻則擊河內水攻則滅大梁又受攻之危也當吳起將魏兼車五百乘騎三千破秦五十萬先戰一日令軍曰諸吏士當從受敵車騎與徒若車不得車騎不得騎徒不得徒雖破軍皆無功吳起又爲魏置六花陣分七軍每戰七

軍俱用

孫吳　吳乘中原多故提兵轉鬭拓地江南恃長江以爲固固爲得計然不能扶漢而且合操破漢則亦漢賊之雄耳人但知目曹操之爲賊而不知孫權之罪爲尤甚也

曹魏　曹操以狙詐百出挾天子令諸侯降張繡斬呂布走馬超公路本初輩相繼夷滅用兵髣髴孫吳洵不誣矣故其詞曰使天下無孤不知幾人稱帝幾人稱王漢室至今乎則亦功之首罪之魁也然謂已爲文王至臨終區處分香賣履語及細微而不及子

僭竊蓋欲借此自掩而不知千古下已爲人所勘破
神奸曷逃筆舌哉
前趙　劉淵以匈奴屠各乘晉自殘倡亂汾陽轉畧
幽并至命將四出能分遷平陽以窺洛能得地勢誅
沉男女者則知愛民素服迎師則敗而知警宜其首
于五胡也至聰悪粲殺降誅冲屠戮似能撫敵御將
矣而石勒殺彌以其衆配直言迕意遽囚大將謂何
謂長安劉琨宜先曲陽小不勞衆似知先後緩急矣
然晉西據關中南擅江表王浚劉昆窺窬肘腋石勒
潛據趙魏曹嶷逞王全齊李雄奄有巴蜀而營宮作

殿忘于戎事謂何曜改漢稱趙擒滅多雄遂撫克盛之軍屈張茂于不戰灌石生以決堤威武籌畧似勝前人而一觀之費足平涼州西宮凌烟可吞巴蜀復蹈聰轍已失甚矣況沉酗擴戰大犯軍忌爲人所擒又何足語哉

後趙　石勒以上黨之羯奴謀于賓倚勇于虎遂成狂圖其于兵也千里襲幽以火宵行假附急擊雞鳴蓐食則善用急欲幷伏利僞舁往奔欲圖王彌斬敵稱救取信王浚戮叛送首則善用誘尊張賓爲右侯別衣冠文物爲君子營則善于用人孰苟晞以爲司

馬擒鄧攸錄置參軍獲游綸使作主簿縛末秠用制鮮卑則善于用伏兩懲敵餌爭物而敗遂故掠城父還以誘敵因人餌而轉以餌人也石虎雖多克伐皆恃積威無足數者惟勅麻狄曰受降如受敵卒破段遼之詐誠爲可效然誅殺過慘則可戒也

前秦　苻氏挺少付之符輦龍驤之運相王猛而謀將羌蚝而戰西服六十餘王止馬栖鸞獻歌成頌較數奸雄莫之與比據其成貲固宜圖統一未可厚非但晉有人焉忘王猛遺言拒衆人之諫投鞭斷流已輕試于一擲況前入西域之師國之精銳與俱外遺

內喪寧垂萇之不從中乘釁乎卽苻登鐺刻死休長
鉤大陣亦無益矣
後秦　姚羌燒當之族弋仲効勇于趙襄能獻忱于
晉萇盡力覆登僅勝殘苻亦未可爲雄興當可爲之
會而得馬賜凉任輕于傉檀虛聲借伐鼓禍于勃勃
萇知燕秦相弊有坐制之機興不聽尹昭使傉檀蒙
遜自相攻殺爲一舉得二之計何前后之不一哉然
襲登輜重燒吳淮積任叛何羅復厚惡地推心新附
賞諫松忽少配佛嵩加贈戰亡葬復士卒用人之法
又俱可觀矣

西秦　乞伏以鮮卑旋宏于熾磐常用詐餌敵而人輒中之亦有僥勝以凡亡而已輒更之而父子異國能爲俘能爲奔能使人歸服能使人勿殺深于詭也然人生我而斃之恩我而亡之宜喪不旋踵矣

前燕　鮮卑慕容廆勤王靳津并吞二部使忠義彰于本朝私利歸于其國亦巧于興復矣而撫恤流亡擊取弱小至人多十部亦能得人矣至識素怒延軍無法制之可圖獨犒宇文一軍以疑悉則用兵之一節耳若皝知二虜恥敗而再至使遐詐降以覆趙儁還劉妻母以降劉贈復戰亡以用士嘽知晉勇于乘

退故設餌以釣皆能用兵矣而凌海討仁則兟失親三五發兵則儁失民抑賞不行則暐失將士數者自足亡國寧俟垂往哉

後燕　步搖慕容垂之垂亂再興也梟張于鄴郡其戰也襲飛龍鼓鳴則合擊攻苻丕則引漳以灌鄴知翟真無志則緩擊使自散欲離永之勢則遲進使分備一敗皆摧則破救以潰守智矣然知牛船遡流使敵疲弊而不能罷巳士之疲知深伏隱澗僞退以誘永而不知魏師西渡乃羸形以示驕何自行之而自蹈之也寶能出宮人珍寶以募士用沒根號令以敢

魏而徙恃河冰未合不以重兵斷後恐魏追及使軍士盡棄袍杖古今來有是走法哉盛雖忽召李旱旋師而復遣使敵弛備則亦巧黠無比而卒用段璣親仇致變其與熙聽婦言而不克還師遂將陷而不許將士先登俱可訾矣

南燕　慕容德以分崩雀起之虜善于用弱知魏利戰則召還知鄴恇懼則別徙知主客勢翻則遠避卒能據全齊撫五州以弱為強也所謂先定中原后飲馬長江懸旌隴阪雖未能如其志亦庶幾其可矣惜超掠晉補伎以挑隣怒違衆憑勇而忘守峴使險為

敵有宜其興也甚艱其亡也甚易矣

北燕　馮跋雅稱度量然幽聘臣之執節來勛親以逆盟則非矣然稍能愛民足希小康宜呂後于魏也

前涼　張軌以明經美官乘時跨踞雄州外托臣以自安假稱制以自快至國危無親赴之兵幽代無能入之人后又虐用其民國統遂斬可知詐暴之不終矣

後涼　氏呂婆樓有功于秦至光因亂擅命使梁熙納楊翰之策張大豫從王穆之言雄據涼州堪稱王伯之才而后以猜忿來三方之阻兵沒奕貽謀至數

傳搆亂將光之樹國未若父之樹人

南涼　禿髮烏孤之業終傾于傉檀義親熾磐而莫弭其怨威臣守蒙遜而翻益其敵術僅足以愚姚興而東苑之殺已召樂都之亡韋宗所謂五經之表復自有人者反見覆于雌伏之虜也

北涼　胡沮渠蒙遜有權智然險著于陷兄禮疏于對使

西涼　巳氏李暠才明治濟文雅心懷本朝偏安巴蜀仗義勤王宜其敵後于唐也

夏　屈丐勃勃家國夷滅一身孤寄爲姚氏之所封

植不思樹德強隣乃結怨于蠕蠕背德于姚興且坑殺士卒動積京觀甚于后趙尤爲可戒然不貪一城遊食疲敵埋車塞檀斷水破奚乘掠掩難未定擊興僞退擒宗料定難取而俟其子知裕克泓而圖之于返用計料敵亦一時之傑也若昌猾而無謀好勇輕進爲人所識而擒奚足齒哉

元魏　魏初起代苻堅易之曰北人無剛甲利器敵弱則進敵強則退燕鳳曰北人壯悍上馬持三仗馳驅若飛軍無輜重樵爨之苦輕行速捷因敵取資此南方之所以疲弊北方之所以常勝也則一鄙其弱

一稱其强也然拓跋什翼犍獲射目而不罪曰彼各爲主則知用法矣舍中山而先鄴則知難易矣肅輕騎羸形誘夏入掠使卒奔敵詐言糧盡則知用弱用間矣然而所過赤地則毒之甚者宏能以指彈碎羊髆骨而識傳永期爲文武全姿亦差可耳

北齊　高歡以奸詐之徒始剪馬于爾朱之謀後奮拳于拔允之難一以取信一以釋疑也後以配胡激六鎮討步稽落激軍士而再留者三攜歲首宴會而軍人休一日一夜三百里至而師出復止者四

北周　宇文泰籍民之有材力者爲府兵蠲其租稅

以農隙講武閱戰陣馬畜糧糒大家供之合為百府
以高歡數日行八九百里為可擊望高洋軍容嚴盛
而旋師亦可謂知進退存亡者矣
柔然　卽蠕蠕姓郁久本韃靼類性刻忍少有忿爭
則彎弓相射而勇悍善戰則與諸女直同晉時始强
初柔然社崙立陣法百人為師師有長千人為幢幢
有將臨戰先登者賞以擄獲懦怯者以石擊其首殺
之侵元魏刁雍曰北敵悍愚同于禽獸所長者野戰
所短者攻城若以所短奪其所長雖衆不能成患雖
來不能內逼又狄散居野澤隨逐水草戰則與家產

並至奔則與畜牧俱逃不齎資糧而飲食足是以古
人伐北方攘其侵掠而已歷代爲邊患者良由倏忽
無常故也又曰于近狄北築長城卽于要害往往開
門造小城于其側因地却敵多置弓弩狄來有城可
守有兵可捍旣不攻城野掠草盡則走終必懲艾今
民堡所由設也後不惟野掠而攻城則亦有變矣

兵跡卷二

甯都魏　禧凝叔編輯

將體編

姓

軍中一韓西賊膽寒軍中一范西賊破膽帝王之能用人則姓亦足以威敵姓戰也至于因姓用計則寇恂假稱劉公兵到蘇茂聞而陣動王驥令人呼王尚書兵至韋郎羅聞而馳還此呼姓以懾敵姓戰也岳飛幟書岳字空植撫城而賊走幟繡一岳遣將樹陣而敵降此標姓以威敵姓戰也此因人之畏之乃得以行其計也至如王匡必立劉氏後以從人望

韓林兒假稱趙氏后以號召天下因以稱帝稱王幾成大業則善于用姓豈第一戰勝已哉

威武素著則聲名足以懾敵有呼其名而敵退者張飛瞋目埧牆橋大喝益德而操軍倒馳張遼沖陣合淝大喊文遠而權軍驚解有書其名以克敵者魏勝塡名于旗金人望之卽走密書付將臺戰揭之卽勝此名戰也而變用之法有用其著者陶侃降溫邵止一紙函曰吾威名已著何事遣兵杜預任王濬令得專斷曰彼威名已著不宜節度有用其微者呂蒙欲襲荊則舉陸遜曰彼名未著非羽所忌唐憲宗

欲伐蔡則用李愬曰彼名尙輕蔡人易之有掩己名
者桑懌曰盜畏吾名宜先示以怯自起制括令軍中
敢有泄武安君將者斬苻堅寇晉令軍曰敢有言吾
至壽春者拔舌有掩敵名者如唐從珂北拒曰卿輩
勿言石郎使我心膽墮地金亮南下令曰敢有言劉
錡姓名者罪不赦而詭用之法有托人威名以賺衆
者陳勝吳廣假稱扶蘇項燕舉兵草澤棄疾使人呼
靈王至矣子比自殺有冒敵姓名以賺城者如王鎭
惡攻劉毅稱劉藩兵上以破長安倭寇闖境稱劉顯
入援而陷興化有變己姓名以脫身者田文符驗更

名姜武而脫函谷慕容超更號張伏生而出秦關有冒人姓名以脫人者楚子綦自稱昭王而代昭死劉子俊詐謂天祥以綏祥縛此皆因名以行計也尤有聲名赫赫如張文遠能止小兒之啼桓石虔可愈病夫之瘧江東百姓言孫郎至皆失魂魄酈瓊聞王德至曰夜叉未易當兀朮簽軍當岳飛河北無一人應金亮選將對劉錡擧軍無一人敢馬超憚許褚則詢操曰君之虎頭者安在周瑜忌關張則諫權曰劉備有熊虎之將突厥畏長孫晟聞其弓聲謂爲霹靂見其走馬謂爲閃電張須陀威震東夏周德威勇聞天

下公孫瓚李光弼聲震四海張萬福江淮草木知名裴度党進四夷知名此其名之素著者也呼曹瑋為曹父折克折家父宗澤宗爺爺孟宗政孟爺爺岳飛爺爺軍單雄信韓果飛將軍李廣飛將軍周勃真將軍此其以英勇而名之也楊業楊無敵魯肅鄧羌萬人敵林椿王千斤張俊張鐵山韋叡韋虎李崇臥虎蔡祐鐵猛獸烏承玼烏承恩二龍此其以神力而名之也徐文徐大刀劉綎劉大刀王弼雙刀王王彥章王鐵槍李全妻梨花槍哥舒翰半段槍此以其器藝而名之也丁德興黑丁花雲黑將軍尹繼倫黑面大

王沈慶之蒼頭公李克用獨眼龍郄超髯參軍孫會稽紫髯將軍曹彰黃鬚將軍陳章陳夜义王德王夜义此以其象貌而名之也龐德白馬將陳泉白馬從事馬超白馬將軍薛仁貴白袍先鋒此以其服御而名之也馮異大樹將軍李嗣業神通大將馬璘中興銳將此以其功業而名之也至杜預擬以武庫荀彧比之子房畢諴禁中頗牧王導江左夷吾袁尚書文彥博咸稱杜預裴度侯青高進薛彤世皆指為關張若此者或見推于敵或見重于主也古來名將類能于姓字之間隱顯變化行機制勝詎謂一名之微無

與戰事哉能以名戰斯爲名將

身　天之所以生豪傑者固異其體則烏文畫養由基形軀偉巨蚩尤馮勝銅額鐵面趙雲姜維渾身斗膽程育朱然膽踰責育昭烈苻堅劉元進臂垂過膝李廣劉淵慕容翰郭知運猿臂善射王彥章呂文德號厚屨長廉頗李勣虎食狼餐夏獸護磨那申香身長丈八長狄鄋瞞僑如棠如身橫九畝長百尺其力則岳飛林椿神力千斤汪節擲石獅千斤元善見挾石獅踰牆陳信努力推石碑伍員項羽力能舉鼎孟賁汲桑任勝百鈞魏元宏能以指彈碎羊髆骨卞莊

李存孝手搏猛虎高奔戎陳信生捕活虎曹彰挽彪
頓象劉靈符洛坐制奔牛伊馥張蚝却拽牛走賈忠
宋令文生拔牛角夏桀梁崇義卷鐵伸鉤其捷則典
韋羅士信飛刀擲矟陳安趙德勝運槊如飛侯青辛
慶忌回鶻旋空劉亂劉靈符走踰奔馬劉翼舉柱跳
過平陽門張蚝城無上下皆可超越張士誠養子虬
平地躍起數丈柴紹弟挺身飛起十餘步著靴踏磚
上城手無扳援麥鐵杖日行五百里高句麗進苻堅
十人日行千里其使則蓋蘇文田泓伏水行水李楷
固劉昭孫踏索飛套安都勃里戲兜鉀甲强伸尉遲

黍赤體空拳李存勗屢經大戰從未被傷其烈則藺相如樊噲髮指眦裂張飛檀道濟嗔目如炬伍子胥胡大海目若熛火炯炯如燈朱亥叱咤虎震弭却劉錡項羽叱咤洪鐘千人自廢汲桑蔡裔聲震數里呼殞羣盜項羽常遇春上嘘瓦震下吸淚生張巡顏眞卿切齒穿齦握拳透爪郅都木偶射莫能中其死則子路溫序結纓銜鬚王範臨刃神色儼然張順橫流怒氣如生泰不華立而不仆董搏霄白氣沖天劉光項下無血花敬定頭斷荷戈朱遵失首馳馬周虓尸見苻堅睥睨跳裂豪傑之所以用其身者亦異陶侃

則曰勿優逸如吳起囊糧韓滉趨舟田單板插燕噲蘇代身自削札唐太宗馬上攜土宋太祖馬上負石段熲不蓐寢曹操錢鏐圓木警枕韋叡張燈達旦陳蒨投籖自警祖逖聞雞起舞陶侃朝暮運甓斛律光不脫介胄劉詞劉琨被甲枕戈王守仁征宸濠四旬不寐岑彭伍員漢光武每一發兵鬚髮頓白漢文昭烈辟肉悲消漢高咸陽四日光武還宮六日墨翟重繭至楚段熲士皆重繭至涇陽季梁衣焦頭塵以止魏漢高唐莊馬上十指直為祖逖誓清中原賀若弼得葬魚腹馬援之志畏屍還也張柔則曰勿避險如

張弘範營于險地韓世忠願當最重張宗願爲后拒漢光武小怯大勇文鴦花雲單騎衝陣史萬歲汪時中單騎出入敵陣張遼于謹張綱單騎詣敵繞營周盤龍周奉叔雙騎挾戟韓世忠蘇格聯騎貫敵達奚武三騎穿敵張達孝離營陷陣蘇定方薛先登陷陣霍去病常與壯士先大軍李嗣業僕固懷恩崔延伯梁國兒每戰未嘗不爲邸壁之出先入後常遇春之摧鋒殿后孟觀羅通之親冒矢石也岳飛則曰不怕死如明成祖矢集如蝟李繼隆機石過旁楊存中介冑盡赤周泰滿身瘢痕王鎮惡肌被數箭曹彰鎧中

數箭雷萬春面中六矢不動漢高祖中創七十通中
六十買復彭樂畀瘡截腸傅友德貫頰穿腦取弃眼
矢暗摧夏侯惇拔矢啖睛趙立杜伏威帶矢擒蔽揃
軻編送易上荷登鎧刻死休胡延贊王彥面刺報國
余闕却盾不蔽蓋勳與馬不逃康保裔易甲不遁吉
星縱敵不去王僧辯劉子羽據胡牀不動孫堅王霸
矢及不動毛遂唐且藺相如伏屍濺血張瓊稽紹血
污帝衣簡子伏弢嘔血郤克血流至足毛德祖誓與
城斃嚴顏止有斷頭李光弼濮真納刃剖心弘演出
肝納裔懿肝張儀捐軀易地莫敖大心斷脰決腹棼

冒勃蘇滕暴蹠穿王範李廣意氣自若陳和尙明白死節謝枋得死得其所耿令貴曰莫皺眉畏死也然此特沈勁之久欲致命智瑩之竭死無二劉沈俎醢是甘不得已而爲之耳而善用計者則顯身有法漢光武絳衣大冠宋太祖縈纓飾馬陳章白馬朱甲隻師德紅帛抹額蔡祐明光鎧甲王越偉服短袂以耀軍也張飛石亭呼名露髯薛仁貴沈諸梁脫兜免胄韓世忠李晟錦衣陣前以懾敵也崔與之登城示面郭子儀單騎暴首介子推解甲披心李勣刲股啗信燕丹求軻滕行匍伏漢高祖撫附按行部壘我太祖

酣臥降帳以懷衆也周身有法狄青披髮銅面詭可
氊衫鐵面劉綎千金弊甲西洋眼目皆甲真臘身簽
聖鐵三佛齊艮藥堅肉刀箭不入作戰謹也公孫述
盛陳陛戟劉曜子弟親御宋太祖訓練衛士出入愼
也完顏綯鈴警帳王彥夜寢屢遷李林甫數易寐處
齊簡聞魯募死士一夕三徙夜宿愼也孔明羽綸數
輛祖約置同貌數人吳起雜卒衣服劉綎戰必去幟
沈希儀草色氊衣臨陣愼也慕容備德卒爲十餘棺
分出四門潛瘞山谷曹操既葬爲疑塚七十二楚平
王爲石槨盡殺石工則死葬亦愼也遁身有法魏勝

預習解脫陶魯閉營習敗走法馬從謙議秦襲虜預請自歸路賀若弼爲魯廣達所敗縱烟自隱劉綎爲虜所圍猝伏屍中李敬業爲火所焚剖馬藏腹元順逃入水內慕容鐘地道出奔李克用匿林視馬勿嘶徐海王直諸倭爲胡宗憲所迫偃禾伏草隱壁藏林使敵不見也孫堅懸幘左徑司馬懿委甲歧途曹操脫袍割鬚晉紹寶鞭遺后誤敵追也慕容垂使與軍衣己衣乘己馬于謹使人分馳己馬祖約使貌類已者閻禿前奔脫敵圍也祖茂代頂赤幘逢丑父易駕君車紀信御漢王乘輿韓成被太祖冕服賴文政

斬貌類出降嵇紹身蔽晉惠陳健身捍魏纛以人代也孫武草人坐壁劉顯木將馳敵銅人枕楚靈以土自代晉平伐齊平陰以人居左右以衣物爲人形以物代也李寶匿舟航海慕容垂捨橋筏津項忠慕容紹盜駿宵奔慕容農宙微服晦出慕容盛醉鼾夜逃孫臏范睢車藏出入林沖夜奔大帽被雪沈希儀草衣乘雨祝蔻壽水竇出入主父詐自爲使楚完詐爲楚使田文出關令客作雞鳴魏追宇文泰墜馬李穆以策挾泰而罵若爲俘獲相機以脫出也如猝遇大敵勢孤難支度不可脫則李廣下馬解鞍檀道濟解

甲勿動王越住陣爲營使敵疑不敢迫後乃徐圖脫計以不脫爲脫此亦善逃之一法也甚則有變身之法殘之則豫讓剪鬚去眉漆身吞炭聶政破面抉目申蒯斷臂刺崔杼賤之則伍員被跣行乞百里奚乞食于路齊法章解衣灌園季布髡鉗爲奴疾之則姬光足痺步艱司馬懿佯瘋不起仇越詐病臥蓐成祖六月擁爐身顫稱寒狂之則孫臏歌哭宿糞慕容翰跪拜遺便彭義顛狂妄言慕容盛僞疾舞躍死之則孫臏假暴刖屍韓烈詐仆伏殪范雎卷簀屏息管仲射鉤小白佯死甚則救身有法布智見劍血暈絕金

主珣令剖牛納腹而蘇安金藏剮胸見傷以桑線縫藥而合郭琪飲酒中毒同家殺婢吮血吐黑汁而解止殺有法德宗見李藩儀度安雅則日此豈爲惡鉏麑見趙盾將朝假寐退而自死張師政統于承基見于志寧寢苫枕塊竟不忍殺殷浩使人刺姚襄見其仁愛反以情告沐謙見司馬楚之待以至誠不惟不刺反委身防護鮮卑燭磐能令人勿殺至如高洋避忌能對妻子竟日不言後周高祖韜晦十有餘年乃能不動聲色而誅宇文護種種不一要以脫禍免難而已至于用身如鄧艾襲階文以氈裹身而下劉顯

克九絲以組繫腰而上魏珪越統萬以槊垂裙自墜
郝廷玉張蚝由地道入城元文遙從水中達信貫高
置人于壁李陵使人匍伏暗聽樗里疾入人穴道史
奉敬行軍地中皆行身之妙也而尤奇者或飾身爲
神陶晉抹脂爲雲長成祖仗劍作眞武劉江披髮破
蛇陣我太祖選奇貌爲天兵田單使一卒爲神師以
鼓軍也或變身爲敵則趙武靈王胡服騎射劉錡擇
多髯爲胡人斫營高仙芝使人爲胡服迎降呂蒙使
人白衣搖櫓以襲荆馮異使軍皆赤眉以亂賊王世
充用貌似李密者縛過陣前以潰密慕容使人效没

根衣服號令入魏中營李淵擊突厥選善騎射者二千使飲食舍止一如突厥或與之遇伺便擊之前後屢捷倭擊劉隆佯分一校爲我軍使出陣後又有用人身之法或用其尊則藉名號令晉文納襄曹操迎獻高歡立靜朱温挾帝或用其體則苦肉行間周瑜鞭蓋李穆笞泰种世衡掠信或用其命則殺人賺敵鄭武戮其思班超斬孟使樊于期王奢自刎荆軻湛七族要離斷臂燒妻子王守仁用捨命王專諸成肉泥或戳囚章法則馬燧以刑役威虜慕容恪以代罪狗軍夏人獻僞級誑遼張魏公斬四代刺齊襄斬彭

生謝晉則未免于費人也而尤奇者有易人之種呂不韋進娠姬黃歇獻妊妾牛金通恭妃有覘人之像王衍鑒石勒知亂曹瑋詗元昊識異桓玄妻知劉裕視瞻不凡張九齡識祿山反相孔明料魏延反骨隋煬見李密顧盼非常不使宿衞趙人謂白起小頭而銳斷敢行也目黑白分見事明也視瞻不凡執志強也可與持久難與爭鋒惟廉頗可當有用人之生秦昭使一卒爲王以誘楚懷蘇秦使齊留楚太子以市下東國范痤請留生座以市趙地鄭彊使楚留張儀使以疑秦胡宗憲出王直妻子以致直慕容儁還釗

妻母以降劉曹操拘徐庶母以招庶劉裕獲張綱以呼城段速獲慕容農以巡城王直得青村守者伯以呼門公孫閱使成侯詐爲田忌人入市卜反荀息遺郭美男女以破舌張孟談分妻子之四國張儀防周最翟強之譖齊楚使人爲見者嗇夫曹操進女事漢獻朱溫使帝側皆其人有因人之疾韓德威鬪折禦卿疾而進兵魏珪知慕容垂久疾而傳死王導因王敦疾重而舉哀有因人之喪漢高鬪義帝被弒縞素而天下服范士匄薨望之崔浩不伐人喪楚人伐陳聞陳成公卒而旋師有因己之喪魯伯禽帶絰伐淮

夷晉襄墨衰敗秦師唐莊新喪破夾寨慕容垂遺命秘喪以還師有不得已而因用人之骨肉車梁見人肉未冷而知倭伏宋華元易子析骨而拒楚陳人食人炊骨而守城郭弘霸志在抽筋絕髓王忠牛富稽不華飲血啖肉秦宗權藏鹽屍爲行糧荷登每戰以殺賊爲熟食也雖然善用身者如徐庶方寸亂王則傳承下馬露布王僧辨氣概凌雲唐休景儒者知兵虞允文書生克敵是儒者可爲呂尚八十致師公孫枝七十先鋒趙充國七十討羌傳承七十餘猶戀轟埸馬援六十二據鞍顧盼种師道勤王天下稱爲老

种姚弋仲曰老羌堪破黃忠曰老當益壯及渾瑊十一行兵阿史那社爾十一以智畧聞鄧艾十一見山澤輒度軍營處所魯仲連十二行說外黃兒十二說項羽勿屠戮秦舞陽十三佐荊軻刺秦王朱揮十三拔刀奪母慕容垂十三勇冠三軍慕容鳳十三陰圖恢復蕭摩訶十三單騎衞陣周叔保十三善戰平亂羅士信十四衝斬賊帥史建唐十五勇震遠邇呂蒙十五陰隨鄧當出征唐太宗十六應募徐世勣十七從戎賈逵爲兒戲嘗設隊伍耿弇弱冠主兵北道孫策童子拓地江南唐莊稚子擢梁夾寨張奮年未二

十造攻城具則是老幼可爲羊祜臥護諸將張良輩
從規畫韓弘輿疾督戰呂蒙托疾還鄴漢高祖傷胸
捫足周瑜力疾撫軍祖珽盲目射寇及張巡厲鬼殺
賊諸葛死走仲達楚靈死訴王子比景清懸皮三犯
蹕祭遵枯塚泣匈奴蘇秦裂屍斬刺客則是病死可
爲李牧手鉤司馬喜臏腳孫臏刖足范睢摺脅折齒
及杜預纖贏章叡瘻痔周尙面瘦無肉桑維翰晏嬰
徐成形短則是刑餘瘦小可爲宋應瀾因敗斬追孔
明退軍殪權牛富城破巷戰郭待服官行刺黃權居
魏閻漢李矩手謹僞降猝擊孫布詐降殺迎荀輔詐

降敗萇以及詐降益守鐵鉉詐降擊成祖翟延伯誤受万俟醜奴降被其夾擊李廣脫絡躍射花雲絕縛殺監劉裕墮崖復戰劉漢兀朮墜馬復馳則是破降擒仆皆可爲也韓信力不兼人御項羽拔山鄧君章不滿三尺勝巨無霸丈二總在于能不在于形也然亦未可自輕其身子反徐晃牀第可入來歙岑彭悉爲迹刺張耳韓信臥內奪符赫連昌好勇輕進衆識而擒李全雙拂垂槍爲降所指不可不鑒也虞翻曰白龍魚服困于豫且常林曰小不動大光武不令賈復別將我太祖不欲遇春與小校爭能王德用雖屢

歷邊境未嘗親臨矢石亦慎身之一法也故趙充國枕席過師崔浩腹中甲兵寇準北門鎖鑰吳漢隱若敵國范仲淹檀道濟萬里長城要必如樗里子鼂錯桓範智囊倒出劉鄩之一步千計也而欲戰勝天下者亦不可輕人之身苟輕于棄則楚材晉用君子譏之况樂毅去而齊城復慕容垂往而燕業隳苟輕于殺則斛律光誅而周人敉檀道濟收而佛狸來以至于國破家亡如周宇文邕曰使斛律光在朕安得至此宋文帝見魏兵充斥嘆曰使檀道濟在魏安得至此卽此兩言觀之可爲輕士者大戒矣

儒　唐休璟深知險要虞允文金山克敵則儒而將矣郤縠閱禮敦詩祭遵雅歌投壺魯肅手不釋卷張奐坐帷講論則將而儒矣謝艾有文武才王平長戎旅手不能書所識不過十字好作書論說史漢不失其旨石勒目不知書嘗使人讀史以論古今得失確有灼見則將通儒宸濠聘王守仁守仁遣弟子冀元亨博帶貌為迂儒說以王道偵其反情則以儒為諜南梁兵叛逐帥唐憲宗遣溫造代之叛者見其儒而不疑既而談笑樽俎殲五百叛者于盃酒之中則以儒補亂況傳永上馬擊賊下馬作露布安在儒不可戰

哉至漢高溺儒冠全忠置溷流亦大誤矣

老　歷代制民年五十以上者不行伍而公孫枝太公諸人則老而彌篤如周德威退保高邑張承業謂其老將知兵趙充國條陳方畧人皆稱其老成持重則老固多識慕容恪圍段龕曰老賊經變多年自多智畧攻呂護曰老賊老于行陣難以猝克則老固難勝乃固壘遏奔而龕降築圍絶汲而護破則制老亦自有法也

幼　周瑜火曹赤壁則幼而多智王孫滿知秦無禮輕而必敗則幼而有識范純祐鈎摘將材則幼而善

探曹瑋舉動如老將則幼而老成渾瑊孫策文鴦諸人皆以童子出戰宋獻策選捷健童子五千爲孩兒兵卒破燕京則用童子扒城噫從是而練之長豈可量哉

弱　劉琨雞肋而恢中原韓信不兼而興漢室綿力未嘗不大用也甘茂使秦拒健而聽弱致楚任弱而黜健此誤人法也而戰亦有用弱法石勒拒末柸不戰示弱魏珪拒慕容垂遠徙示弱石勒誘王浚冒頓誘漢高翟真誘楷固惟見羸弱慕容農攻翟真先擊其弱強者自走皇甫真計呂護逸必擇弱悉易以强

商鞅配軍以老弱任役使漢王在滎陽蕭何悉發關中老弱從軍軍聲復振張士誠夜遁留老弱伐鼓韓信拔趙壁則以弱背水立陣曹操擊張繡則以弱居前爲餌李愬擒李祐令羸弱燒穫王存審擊契丹令羸兵致煙則弱自可用吳璘曰弱者出戰强者繼之則以弱爲先唐太宗曰以我之弱當彼之强則又以弱當强

婦　荀息美女破舌范蠡若耶沼吳則用一女秦穆間由余則遺戎二女樂柴紹誘吐谷渾則使二姬對舞勾踐行成賂嚭則以八姝此以少爲用也梁邱據

間嚳聖則遺女樂八十秦惠欲取義渠則遺好女一百劉儀懷榜招板橋則縱俘婦三百石虎后助陣著五彩靴則出女騎一千陳平脫漢高滎陽則別出女子二千高洋配無妻軍士則發山東寡婦二千六百趙陀攻百越求秦女無夫者爲卒補縫一萬五千我太祖守瓦粱壘欲遁則多出婦女戟手大罵以疑元此以多爲用也漢武妻烏孫昆莫以細君妻君胥靡以代公主使爲子壻保塞漢元賜單于以王嬙降吐番以文成公主使之內附無他趙王欲併代則妻之以姊孫權欲霸昭烈則妻之以妹鄭武欲伐胡則妻

之以子張巡食盡則烹愛女給軍种世衡結慕恩則
賜宴姬王越賞詞諜則與侍妾唐太宗賞突厥特勒
則與宮女魏主宏賜北鎮貧無妻者則大出宮女劉
光世得漢兒萬人無室家爲之娶婦此以已女爲用
也魏珪克赫連昌以其宮人頒將士高崇文以劉闢
殊妾配將士隋煬以江都婦女配將士劉裕克燕以
婦女爲軍賞勃勃拔廣都以女弱爲軍賞劉毅誅桓
玄以其宮女及逆黨女妾爲軍賞此以人女爲用也
突厥求婚裴矩令其斬處羅而后允徐海爭女子胡
宗憲令其縛葉麻以爲降晉人欲復士會故執魏壽

餘帑使之降秦闔閭欲刺慶忌故燒要離妻子使忌不疑高士達欲圖郭絢故斬擄婦爲竇建妻使之行間慕容儁還釗妻而釗降胡宗憲出王直妻子而直至慕容備德獻伎樂秦歸其妻母則于燕齊歸宇文護之母而護無以報則美在齊張孟談疑四國則分遣妻子石勒敗祖智延追兵則遺所俘婦女陳人取南宮萬則使婦人飲之陳平解平城圍則獻美女圖孟嘗反國孟明免羈則托秦媚晉嬴無忌竊符張儀易城則結如姬鄭袖呂不韋滅秦黃歇取楚則獻妾進環凡此皆行美女計也吳王操女軍盡出宮女田

單守帥壘妻妾悉編慕容沖擊苻暉令婦女乘牛揭竿揚塵遠不台攻汴俘漢婦女負薪填土金人拒元括壯健婦人假男子衣冠搬運木石商鞅分壯女一軍負壘作土盛食撤屋木蘭以女代父戍邊此用女爲兵也至于征馮寶妻洗襲滅遷仕討平岑南至于戰柴紹妻昭自置營幕號娘子軍李商胡母霍善騎射號霍總管至于克復則崔寧妾任麾兵攻城張茂妻陸先登斬充至于守禦則朱序母韓率婢登陴任城王澄太妃孟勒兵親守李毅女秀領州破賊晉氏婦晏鳴金據砦李侃妻楊瓦石刀矢分別給賞至于

慭援荀崧女灌突圍請師劉遐妻邵扶夫萬衆此女而將也至若子反攻秦母令效繆孟景討玄妻周則絳蘇代圖齊妻絕畢絣張遂拒奇姊陸補縫趙平原圖報復妻妾補縫我太祖渡江后馬率妾韝鞢則能助韓世忠抳金夫人梁紅援桴鼓河間王琛使羌婢朝雲吹篪而乞則能佐楚公主女史馮嫽持節服國隋誠敬夫人洗載詔降獠譚子政妻張策干若洪建安連氏義激戢兵則能諭竇良女勾奇毒希烈王翠翹說海降宗憲則能闖淮南王使女陵中詗長安則能偵昭烈妻孫環婢執刀以衞烈孫策母吳責子勿

殺以杜叛景讓母杖子妄戮以安軍劉遐妻密燒甲
杖田防寢謀宋仁宗后剪髮徽衞閉閣滅火白瑾妻
葛著夫公服環珥散寇則能弭變晉文公蠶妾聞謀
齊姜殺之李克用侍者告變妻劉斬之司馬懿婢瞰
知瘋詐妻張刃之則能秘機趙括母阻子勿將柴克
宏母表子可用陳嬰母阻子勿王王陵母屬子事漢
僖負羈妻識從者皆相王珪母知長髯必成楚文夫
人鄧斷敖狃勝羊躭妻辛料魏不昌何無忌母劉料
玄必敗則知興亡桓玄妻劉謂裕當除竇建德妻曹
贊軍宜北克用妻劉勸釋私怨慕容盛妃教疾免難

則能謀王孫賈母諭子復齊姜敘母促子討馬超宋
太祖姐決祖自立楚文夫人息嬀勉子元伐鄭則能
激劉智遠夫人李毋奪民財劉先主后甘諷專戎馬
苻堅后張阻勿伐晉唐太宗惠妃徐疏勿黷武則能
諫張谷妻李言逆不可久董昌母以子去爲孝僕固
懷恩母勸子勿反宸濠妃婁止藩母逆李日月母惡
子輔泚謝綜母劉子，誅不覩魯義姑棄子抱姪感齊
還師毛惜惜恥榮全叛逆懸懷妃惠風拔劍罵曜樂
羊子妻操刀叱賊不辱自殺魏以蜀宮人賜將士李
昭儀不辱自殺則能守義節呂人母醇衣結少莒子

婦紡纑縋齊鄒僕妻怨夫詐賊王廣女開室擧芳金卒妻挈刃刺兀朮謝小娥醉賊抽刀孫翊妻徐施帷設伏薑昌妻申屠希光艷裝挾匕麗涓母趙娥抽刀反刺秦女休執刀據矛竇毅幼女憤隋興唐則能報復沈襄妾小霞能以身質脫夫遼東旻勇堡婦能摧虜墮窖土石擊死凡此皆定大難決大疑明大義者不惟此也寇亦有焉李全妻楊妙真梨花槍天下無敵楊寡婦與劉七合黨刼掠不惟此也夷亦有焉石勒妻劉斬叛護勒荇登妻毛力戰拒萇阿保機后述律勒兵破韋鐵木真毋月倫分兵敗寇烏馬寡婦佐

胡宗憲平倭石柱司女官秦良玉勤王藏亂俺答三
娘子哈屯比妓練兵附男八百媳婦土酋之妻各領
一寨外國亦有焉交趾女子徵側徵貳自立爲王桂
南有女王曰柳葉壯健似男子須文達那妻以身國
許人報仇花面妖亦有焉山東婦唐賽兒剪紙爲人
馬闘倭女卑彌呼與宗女臺與相繼以妖術稱王神
亦有焉大理觀音化爲婦人以稻糜大石背負而行
漢兵驚避唐玄宗云河北二十四城無男子蜀王衍
妃費云四十萬人無男兒然則男子不及婦人者多
矣雖然李陵云女在軍而氣不揚慕容熙聽婦言而

師不退遼將陷而欲與婦並登卒至喪敗則女亦有害也故鄭太子忽不欲以師昏左氏不欲以戎事邇女器李光顏却韓弘美婦而平淮西李勣求陋妻以安粘沒周尙文四十喪偶不娶精神强壯得以徹夜親軍政漢高不貪子女而收天下我太祖却金華詩女而成大業與孫皓悉還俘女華歆有獲則嫁曹彬使人密護一室訪親還之無親則嫁此固君子仁者事也惟常遇春每戰我太祖必使先御數婦而后勵勑稍有巳時亦異事也

犯　勾踐以死囚五百跪阻吳兵向吳師自刎王莽

募天下囚徒名曰豨突以禦匈奴元用拔都魯牌權攻安豐因戰也軍校訟帥郭進貰之而掩北漢徐成失期王猛宥之而勝燕軍俞大猷以當刑二卒潛燕賊礮備倭以當死三十六人進獲賊帥罪戰也管仲以罪輕重入甲兵石勒僞以避罪奔伏利吳起聚棄城失守欲除其醜者爲一卒曰軍之鍊銳孟明三折曹劌三折荀寅曰三折爲良善用罪犯夫豈無功耳

聽金鼓銃鉋以爲進退固不待言矣管子曰同鄉連帥夜戰聲音相聞足以不乖若王鎮惡攻長安令輌軍長鼓劉江救北平令人帶十砲遞放不絕李

聽入蔡令萬人同呼所以駭敵之耳也希卑聞鼓音逹內而知召應甘茂使吏穴道聽王言樗里疾鑿穴王所而知伐國衞青使人匍伏隱處以聽敵之虛實墨子命防穴浚塹壺鎦瓶甒以聽戚南塘防地道以瓮覆人繞城以聽鄭若曾使人枕空胡簶臥有人馬行三十里外響入其中名曰地聽則巧乎其聽矣彼以瓮累壁則外人相過不聞音響可造軍器又豈非善法哉

目

曹劌下視轍亂乃逐齊師斛律金望塵知軍多少乃純用目也祖綖久盲聞徐州民反忽乘馬臨陣

左右射反者驚走則又不恃目也劉鋌揚沙戚繼光
𨇾瓶則以昏人之目楊旋爇馬飛灰夏攻靖夏鐃城
踐塵賀若弼塗舟淡黃色藏于枯荻則以掩人之目
也蔡祐明甲明刀趙贊唐太宗旌旗絡繹孟珙虞詡
易衣往來又以駭人之目也諜者告曰楚幕有烏敵
師其遁劉基見烏集幕而知敵遁高泰見石越言誕
而知覘釁耿稚見西秦告者覘高色動而知為有奸
衛姬見齊桓足高氣強過已色動而知其伐衛管仲
見桓公揖朝進已貌恭色慚而知其舍衛智過見張
孟談志矜趾高而知其說合見韓魏二君色動意變

而知其將背郄疵見韓魏色憂而知其不欲趙下見韓魏覘端疾趨而知畏得其情則徵乎其覘矣秦舞陽色變而荊卿之事敗韓約色變而甘露之禍慘為人所識而破也凡遇事色青者為膽勇色赤者為血勇色厲者為氣勇惟氣色不變乃為神勇斯不為人所窺梓慎望氣知宋鄭喪師范增望城頭有五色氣而使項羽急擊為尤奇矣張士誠不能自守為明所獲雖終日閉目以至死亦何益哉

鼻　斛律金嗅地知軍遠近每能逆備克敵顧不知何法惟張輔征交趾知象通身之力在鼻戒先聽射

其鼻程信征麻陽知衆象隨首象以戰乃藏身石筍揮劍截首象之鼻衆象果奔則從鼻戰矣

手　伍員冬月水戰用婦人積麻不龜手藥擊越大勝之辛五郎旣降胡宗憲塗值盧鏜乃搖手以示不須戰招手則謂今一家去兵器則拍掌言無杯父敗走軍士爭濟舟中之指可掬冒頓圍漢高于白登天寒卒之墮指者十二三其尙能戰乎

足　墨翟救宋重繭而入楚段熲追先零重繭到涇陽不惜足力以救國以趨功也王翦知軍士超距爲戰而后用之所以養銳也戚繼光令軍士常行綰沙

于足重鐵跳坡猺人能行即燒石烙其蹠鐵脚兵日
以松烟熏足鐵脚苗自小即煮熱桐油日浸其蹠東
番晝夜學走梁太子綜朝夕行沙以練足也左史倚
相論吳行反覆六十里君子必休小人必食我馳三
十里擊之必勝曹瑋擄物緩行誘虜百里之外追之
約憩而後戰曰乘銳便戰猶有勝負遠行人小憩則
足痺不能立其氣亦闌此以路程計足也司馬懿攻
蜀曰蜀人多用蒺藜令三千軍士著軟材木屐前行
以去之劉裕效石虎慕容恪塞五龍口水以攻廣固
城中男女悉患脚弱而降此則不可解矣

舌　虞舜曰惟口出好興戎姚興曰齊楚競辨兩國興師周禮敵國兵至使使如師以訟曲直直則解春秋尚辭令列國尚游說皆舌戰也子貢一出亂齊存魯强晉亡吳伯越張良掉三寸舌而爲帝者師毛遂憑三寸舌强百萬師邳彤留光武討王郎一言足以興邦魏徵諭馮盎入朝一言勝師十萬蘇秦樽俎秦兵不敢出函谷一十五年酈食其伏軾一朝下齊七十餘城馬援將三千突騎遨遊數帝間于謹解諸國事言西鄙鐵勒皆服虞翻稱策命降華歆張遼托操諭致昌豨陳衆白馬降李憲張綱單車說張嬰封奕

敘故致逢約婁師德諭吐番禍福論贊婆數年不犯邊則舌鋒之利較兵鋒更甚也而惟急者兩賢豈既漢高以一言斬丁公今日無我明日豈有汝侯景以二語退紹宗越國以鄙遠焉用亡鄭以陪鄰燭之武以數語退秦師陶侃呼曰天下寧有白頭賊而貢降王德遇謂名王為我碎骨而敵怖鄭元璹隨語折讓頡則以口伐可汗婁敬相如純以口舌得官言固戰勝天下者也然吳漢不能以辭自達隱若一敵國李廣口不能措詞萬里稱飛將朱伺所謂惟在力戰能忍不必議論紛紛徒以口舌擊賊也至于行計則有流

言法周公不利于孺子樂毅將欲自王是也有恫喝法蘇秦之言縱張儀之言横是也有揚言法史思明追李處崟至魏州城下揚言曰處崟召我來何爲不出崔光遠聞而殺之是也有反言法白起誤趙人曰獨畏馬服君之子班超擊龜茲佯言兵少不進是也有卑言法石勒獲荀晞王彌卑辭賀之張賓以其位高言卑而疑石勒請王彌亦用卑辭招之張嵩以其卑甚言甘難信是也有狂言法慕容翰外國自掩佯狂謬對司馬懿詐瘋圖魏謬孽反對是也有醉言法溫嶠畏譏則醉詈錢鳳胡宗憲誘倭則醉語含糊是

也有神言法郭誦鼓士卒稱子產助神兵田單愚騎刼稱神師有教令是也至于祕機則有渾言法盧鏜暗殲辛五郎之黨第問曰如何諸哨對曰是了戚繼光約口號字眼臨發乃傳使人不測是也有夷言法如日本呼賊爲陸宿人呼殺爲其奴瞎咀郎波斯呼賊爲色測呼殺爲剌察以夷言爲言使人不解也有形言法魏桓子言汾水可以灌平陽則用肘韓康子答絳水可以灌安邑則履踹張良謂宜允韓信之請王則躡足劉基謂宜允胡廷瑞請三事則踢牀范增欲項羽決志殺漢高則目玦田光見荆軻唾其耳則

知出口入耳爲大事慕容翰欲圖宇文雖見戕使無言而撫膺楊一清欲除劉瑾則以指畫張永掌是也有隱言密言法宋齊邱徐知誥或升高堂或入水亭屏人而語劉琦與諸葛遊荒園登樓去梯而語子産與裨諶出謀于野或抵流水聲處而語宋文令徐湛之秉燭繞行檢壁而語衞青李陵使人匍伏聽而語古人愼言固如是也然五郎見盧鐺問答不同而知有異韓世忠得劉忠暗號而穿其營則渾言有時覺于謹解諸國語言漢校尉使人習諸國番語則夷言亦有時識桓公與管仲闔門謀伐莒未發先聞東郭

鄄曰謬然豐滿手足拇動者兵甲之象也二君之在
臺口開而不合是言莒也舉手而指勢當莒也小國
諸侯不服者惟莒則形言亦有時察桓公又與管仲
朝而謀伐衛隱而未宣衛姬再拜請衛君之罪公問
故曰妾望君之入也足高氣強有伐國之志也見妾
而色動伐衛也是以知之則隱言亦有時知甘茂使
吏穴道而知秦惠相衍樗里疾鑿穴王所而知犀首
當將薔納人于壁而聽使者父子私言則竊言亦有
時洩慎言之難又如是也故又有滅言之法冉璉冉
璞深夜布灰以箸畫寫旋寫旋滅孟拱楊琰擗爐畫

灰旋以匙滅秦從龍筆書漆簡隨以水措封壁手劃
削稿隨卽燒之劉裕謹封符函付朱齡石又有不言
法高洋弢晦能對妻子竟日不言魏主恭能閉口八
年卽位乃言如辛稼軒欲斷牛首決西湖醉洩其謀
遂爲陳同甫所脅范士匃曰言語洩漏職汝之由歸
罪駒支曹操密言圖紹爲備所洩雖咋舌出血亦無
益矣

呼　夏育太史慈呼叱三軍震駭項羽叱咤千人自
廢楊存中一叱萬人僵立魏勝一叱敵衆辟易蔡齊
一呼羣盜皆殞將之銳也秦軍鼓譟屋瓦盡震魏珪

伐燕民瓦皆震王蘷班聲江水爲沸强聲大呼數百人如萬衆軍之雄也至于用計朱序爲晉間則掠秦陣后大呼秦軍已敗阿术駭宋則掠宋舟大呼步軍敗矣韓世忠夜造敵壘大呼大軍至而敵懼出降郝廷玉地道入懷登陴大呼王師乘城而守者解散張蚝地道入晉陽大呼斬關而納秦兵耿純攻赤眉夜選强弩二千繞出賊後齊聲一呼强弩俱發而敵駭散一呼吪間能令人生畏能令人失智豈僅吶喊鼓譟哉

寂　勾踐伐夫差不鼓不譟劉錡出奇攻金但令以

銳斧斫戒勿喊此靜戰也張威行必銜枚寂不發聲曹瑋環三千甲士寂不聞人馬聲此靜軍也吳璘遣姚仲襲金截坡無聲則靜進法王越脫虜使軍士下馬逡巡而行次第無聲則靜歸法劉錡守順昌城中蕭然無雞犬聲則以靜待動法李愬襲蔡州擊鵝鴨池以亂軍聲則以動為靜法掩雷伏棗林四日不聞音響誘金開城則以靜賺靜法靜則能整整則銳靜則能謀謀則行

宴　宴非戰時也而有大機焉曹瑋張飲坐失賊首隨擲席前王彥章半酣更衣忽破晉夾寨狄青大宴

稱疾暫入而奪崑崙朱溫中席如厠輕兵北門襲陘此以宴玩敵也高歡以爾朱兆歲首畢宴倍行掩洛劉顯計蠻九日祭賽陰克九絲此乘人之宴也若商鞅以樂飲罷兵誘魏卬秦昭以好會踐盟誘楚懷楚子虔致蔡侯楚平致戎子蠻皆以宴執人也姬光刺吳王僚石勒請王彌宴巳營朱溫享克用于官舍温造飲南梁叛者于長廊遂人飲齊戍以酒而殺之胡宗憲載毒酒委倭使掠高會痛飲而死此以宴殺人也以宴殺人故張尙誡王彌曰恐有專諸之禍我太祖仰天挈馬而語指郭子曰汝以酒毒我漢高間行

趙瀰上留良以謝郭琪飲田令孜毒酒歸殺婢吮血而毒解不可不知也王茂章擊朱温戰酣入拒馬與諸將飲而復戰鄧羌徐成將戰大飲帳中而后縱橫敵陣宇文邕每宴將士必執盃勸酒慕容德親饗戰士必厚加撫接魏尚為雲中守五日一饗賓客曹操待關羽五日大宴三日小宴羽誅顏良文丑以報此以宴為戰也然子反醉而亡北劉曜酗酒而馬陷莫淺渾恃勝荒酒一戰而敗則因宴而敗也故趙方令將士飲酒勿醉使時時可戰楊惠元受張巨濟戒未捷勿飲瓶罌不發則戰而不飲也王鷟善飲食休士不

戰李牧椎牛饗士不使之戰則飲而不戰也楚莊因宴而絕纓种世衡因宴而賜姬韓世忠因宴裴婦人激將士勾踐楚莊投醪于江皆得士死力豈效宋華元羊羹不與其御羊斟遂御之入鄭師中山君享士羊羹不徧司馬子期故敗之于楚吳夫差載酒入軍軍士覘而不得飲遂爲越敗辛稼軒醉洩軍機而陳同甫夜遁李孝恭極酒成血而輔公祏授首溫嶠詐酒罵錢鳳李素立却獻惟受一盃酒胡宗憲醉吐滿牀而誘王直張飛詐表取酒痛飲以破嚴顏爲勝爲敗用智用力豈徒衎衎飲食哉故名將于飲食談笑

之中亦寓金戈鐵馬之氣
樂　趙葵正月十五放燈張樂誘擒李全張守珪版築未就置酒作樂疑退吐蕃朱溫置酒軍中出兵襲晅而樂不輟張弘範設伏舟尾舟接樂作伏發乃戰陸騰陳伎樂于城下獠攜妻子觀之遂拔陵州吳玠親兵不滿萬每戰必肩輿動鼓樂殊無懼色戰無不勝也
歌　師曠歌南不競多死聲而知楚無功荊軻歌易水士皆髮上指能令人怒耳匡圍孔子子路援戟將戰夫子止之彈琴而歌曲三終而圍解以和氣平激

氣漢圍楚而不敢迫張良令四面爲楚歌聲八千子弟聞之皆散以楚聲奪楚人以不可戰不敢迫者一歌而勝之奇矣

謠　吳有童謠曰阿童阿童銜刀浮渡江羊祜求得王濬小字阿童以應之遂破吳此真謠也韋孝寬間斛律光造謠曰百升飛上天明月照長安而北齊殺之此善用假謠也惟苻秦有謠云東海大魚化爲龍苻生不知堅乃東海而爲龍驤而殺魚遵又曰百里望空城鬱鬱何青青于是悉壞諸城以禳之此信謠誤也堅復有謠云魚羊田斗當滅秦朱彤請盡誅鮮

卑苻堅不從卒爲慕容冲所破又曰甲申乙酉魚羊食人堅亦不從此不信謠之過也千古來謠言固多在善于能應耳有云熒惑星下降而爲謠故多驗

吹　吳起曰夜以金鼓笳笛爲節一吹而行再吹而聚晉王隨討寧州賊吹三角皆裂曰裂者破也當破賊也劉錡夜電擣金營爲竹葉管吹之如鬼嘯者電起則斫電止則伏不動聞管嘯則聚河間王琛討羌不服令婢朝雲吹篪繞羌營而乞羌聞之皆流涕降劉琨爲石勒所圍窘迫無計遂奏胡笳賊皆流涕向曉復吹之賊棄圍走劉疇遠賈賈胡數百懷刃欲害

之疇援笳吹出塞入塞之曲以動愁人思歸之念胡泣刃墮此悲聲也崔延伯每當戰必令僧超用笳吹壯士歌項羽吟然後策馬入陣所向無前此壯聲也一吹耳能令人愁能令人壯能解人難能令人所向無前聲之動人也如此

彈　柴紹為虜所圍乘高而射矢下如雨紹使人彈胡琵琶二女子對舞虜怪之聚觀紹使人潛躡其后虜大潰孔子亦彈琴歌曲以解匡圍孔明亦焚香理琴而退司馬

嘯　司馬睿傳檄討石勒刁膺請送欵求掃平河北

勒不然之愀然長嘯劉琨守晉陽石勒圍之數重琨乘月夜登陴長嘯勒兵聞之泣解長嘯當悲長歌當泣有以也

哭　申包胥入秦廷晝吟宵哭秦兵乃出而復楚秦師敗于殽秦伯素服郊次向孟明而哭卒以報晉宋陽門之介夫死子罕哭之哀晉覘以爲不可伐季友欲死慶父使奚斯請不許哭而往慶父曰奚斯之聲也乃縊王導欲王敦速死聞其病重遂率子弟先期舉哀敦聞之憤恚而卒苻登率衆萬餘圍姚萇營四面大哭萇亦命營中哭以應之登乃退

笑　光武見馬援岸幘而笑遂挼圖蜀之方因有天
下孔明使人居臺呼云周郎妙計高天下賠了夫人
折了兵因鼓掌蹲身大笑瑜遂氣死而成鼎足古云
光武善笑以得天下孔明善笑氣死周瑜是也
罵　張儀說楚絕齊許商於之地六百里楚乃使勇
士罵齊王罵以絕之也元兵攻玉粱壘幾陷我太祖
使婦女倚門戟手大罵元兵錯謂不敢逼遂退師此
罵以疑之也東魏追宇文泰將及泰馬逸墜地左右
皆散李穆以策抶泰而罵若魏俘獲狀而魏兵不疑
此罵以脫追也楊義臣屢將戰而復止者數四忽一

曰怒罵誓必戰示無止意乃先期伏兵伺金稱出營而奪之此罵以誘之也溫嶠醉罵錢鳳使錢鳳之謀不行此罵以止謗也孔明陣罵王朗漢臣事魏羞辱無比撞死馬下此罵以恥之也漢高祖見英布趙將洗踞嫚罵既而具王者供封千戸侯此罵以激之也曹咎守敖倉項羽戒勿戰漢高使善罵者大罵三日咎不勝其忿一出而敗漢遂得敖倉之粟而定天下人謂高祖善罵又謂其善罵者顛倒以御英雄然若曹咎之罵出戰不如呂后納匈奴之侮司馬懿受巾幗之辱能受侮辱又不如李光弼見史思明徘優居

臺上譏辱天子使人穴地道從臺下擒之戮于城上之為快也

戲　李允則于上元日聚優設妓導致酋長欵以飲食使大酋疑而殺之陸騰陳伎設樂導獠攜妻子出觀遂乘陵州空虛襲而殺之此戲以行計也如韓世忠使伶人裝婦人以勵將士之退怯者高洋時袒跣奔躍謂夫人曰漫戲而實欲襲榮王蕭伐楚問軍中戲否而後用亞壘利加諸蠻以爭鬬賭物為戲以戲為戲也戲雖虛戈未嘗不為實戰得臣憑軾觀軍士之戲敗于城濮霸上棘門如兒戲史思明使俳優居

臺上娶天子則非耳

舞　齊侯使萊人作夷舞以刼盟孔父以辭却之矣至范增欲刺漢高使項莊拔劍起舞項伯欲衛之亦拔劍起舞此舞戰也柴紹使二女子對舞而潛兵襲虜之后則又以奇妙動人而解虜圍也

將物編

詩　毛伯温征交趾謀士獻詩梗命伯温因和而諭之遂降古今僅見此事所云賦詩退虜者有然哉

書　李左車謀燕曰不如遺咫尺之書陶侃討温邵曰但須一紙函伯耆識王承宗願奉裴度書李孝恭

獲朱粲俘不殺凡騰檄諷下葢知其恩威已著故一書可以成功也而有妙于用書者漢高射書沛城父老殺令以應徐晃約矢射書韓範恐懼出降魯仲連飛書射矢燕將陳人大哭自殺王猛遺書入燕慕容舉城以降明利害以動之則陳說之巧陸遜致書于羽謙抑自託唐高祖爲書與李密假言推戴石勒欲併王浚爲書推翊石勒誇智于劉曜詐爲口授則措辭之巧張俊細書蠅頭以驕李俊馮異模糊字跡以疑李軼曹操改抹字眼而間韓遂則謄寫之巧韋孝寬倣道常手筆假欵疑敵夏竦使女奴陰習石介字

法恭假爲悖狂則摹倣之巧王猛詐爲慕容垂書與子行間譚綸詐爲蘄河私書饋緡綏倭周瑜僞蔡瑁降札激操殲瑁則撰揑之巧鍾會邀截艾表更爲慢逆秦醉楚人之使竊書更期則換易之巧張憲假經畧印信文書解入犒銀而破襄陽江琛剪摘裴光字跡敘爲反語平看不覺則割補之巧太公云拆書爲三發三發而三至合之乃成文又有拆字之點畫爲三不成字合之乃成字則分合之巧种世衡致書野利故抵天都之營我太祖致書諜客故達普勝之帳使之自疑則反投之巧李希烈遺伊慎七屬甲詐爲

復書壁之境上胡宗憲使葉麻爲書發海故留以示
又爲諸將請擧王直札佯露于諜使之自信王守仁
間士實使諜陰以書藏其室故向宸濠泄而搜之則
故漏之巧唐肅宗召兵江淮蠟丸達詔顏真卿起義
勤王蠟丸達表祝乾壽請救使士蠟丸浮水史萬歲
入蠻中竹筒流書傳友德傳克階文日月千牌浮江
賣貝女毒死希烈染帛爲桃藏信達士奇金人守汴
欲招俘者爲紙鳶飛書至蒙古營斷之許遠表宸濠
反狀輒爲中使所匿乃借浙江封號以達則傳致之
巧侯景與高歡約日今握兵在遠人易爲詐所賜書

背請加微點后得高澄僞書無點辭不至富弼再聘
契丹受書政府曰吾爲使而不見國書脫與口傳相
異吾事敗矣發書視之果不同還而易之則陰識對
質之巧邴吉馭吏見驛騎赤白囊則知軍書至探候
以白漢武時匈奴得漢降者嘗提掖搜索恐挾私書
則伺察防檢之巧武則天見內使衣帶有青鵝二字
而析之爲十二月我自與之奸張楚金劾江琛爲裴
光反書仰臥向日照之見割補之跡投水遂解又有
望筆頭運動而知所書之字抄錄先發尉解釋測識
之巧有以白水書白字白不可覺以水濕則明顯者

有以黑衣書黑字黑不可尋用壁塵揚之則見以手擦之則滅者則隱顯幻異之巧有摺書封中須善開乃可見若强拆之則破碎不復成文者有糊書爲殻須善解則如故若强拽之則破碎不復辨識者則封粘糊之巧于謹待諸將嚴肅片紙行萬里外靡不惴惴效力劉弘戒諸將手書叮嚀人謂得其一紙書賢十部從事皇甫真曰呂護近畿三脊須制其死不可以文檄論則書之用不用亦有分矣

字 高仁厚擊阡能使間以歸順二字與降者有則免殺敵遂解散劉光世鑄金銀銅錢以招女直爲四

字曰招納信實結戎示儕伍持此爲信得漢兒萬人孫臏夜以石灰書白字于木而殲龐涓諸葛亮題木于路而射張郃韓公旬宣江右宸濠弟告兄反狀公故以白木几使書之後朝廷疑欲坐公乃上白木几得親書字乃釋

畫 陳平畫一美女以激閼氏平城圍解宋太祖懸林仁肇像詐言約降南唐殺之陳堯佐繪遼湭像而覘其必亡遂合金以攻呂尚畫丁侯像約矢以射丁侯疾作而降此又異乎其法矣至于田單畫牛爲龍而復齊國朱能畫獅破象而服安南則畫之法又未

可輕也
榜　兵貴虛聲王守仁詐爲各處進兵榜遍揭于路宸濠畏懦不敢進而兵得四集种師道使沿途揭榜稱种少保領西兵百萬來而斡離不遂解京城之圍因而衝之以少克衆李文忠揭榜敵境言邵榮徐達各領兵五萬至而呂珍退怯乘夜刼之片甲無存
牌　成祖攻山東城將陷鐵鉉書太祖高皇帝牌隨其所攻張之靖難師不敢擊王守仁戰宸濠于湖中勝負未決伍文定忽出一牌云寧王已擒我軍毋得縱放士卒見之勇氣百倍敵人畏敗

鼓　子魚曰夫鼓以聲氣致志阻而鼓之可也鼓聲則脾震膽動自能鼓舞曹劌曰一鼓作氣再而衰三而竭齊人三鼓乃鼓曰彼竭我盈張弘範見宋軍突陣不鼓再突再却曰彼氣衰矣鼓之此以一鼓取勝也然多鼓既有衰竭則周訪禦杜曾曰一甄敗則三鼓二甄敗則六鼓乃選銳而出吳起曰一鼓整兵二鼓習陣三鼓趨食四鼓嚴辨五鼓就行聞鼓聲合然後舉旗趙葵夜戰令聞疊鼓聲乃擊王鎮惡詐後有大軍令舸軍長鼓朱然束軍就道朝夕嚴鼓粘沒喝虛聲取堅日夜擊鼓兀良合台眩敵襲城大鼓七日

不又一法與段熲假稱救至使人潛出易衣鳴鼓而來周訪畏杜曾之強揑言助兵至使人如樵採者出結陳鳴鼓而來則變用之馮異隱軍入營抵敵鉦鼓忽震姚仲衙枚夜擣踰坡鼓聲大作則猝用之王僧辯以逸待勞敵來則鼓聲交作敵去則息而不動魏勝以暇待動敵未至則寂無所聞敵既至則鼓聲震地則時用之岳飛躡李成不待陣而鼓韋叡攻小峴乘其出入于外當速擊不待授甲而鼓則能急用王堇謀五鼓作亂段秀實諭掌漏止傳四鼓呂翰期三鼓集兵曹翰令支更向晨猶二鼓則能緩用陸遜疑

費棧分布鼓角長孫緒褒吐蕃晝夜火鼓則爲多用光弼襲饒陽斂旗息鼓張俊躡馬進金鼓不動則能不用張威以步制金騎鉦散鼓聚朱儁攻宛城鼓東掩西楊儀退軍遏追騎返旗鳴鼓畢再遇避金拔營懸羊擂鼓張士誠虛幕遠遁留老弱嚴鼓牛金星將遁入陝埋老弱婦女半截于地令其手擂鼓不已則爲反用奇用凡此皆隨時以致變也周王路設堡鼓而禦犬戎李崇村設樓鼓而殲積盜种世衡賣銀鼓以識明珠桓溫吏誤鳴進軍鼓而滅西蜀姚萇鳴鼓隨後而散歸師張耳韓信佯棄旗鼓而奪趙壁王晙

胡服鼓角吐蕃自相鬬死諸葛亮取箭而鳴于霧楊璇順風而鳴于灰班超燒虜而鳴于黑畢再遇誘水櫃而鳴于昧袁尚攻公孫瓚而鳴于地李陵伐鼓覺軍氣不揚而知有女希卑聞鼓達內庭而知召應沮衞蹷融曰殺我釁鼓有知能使鼓不鳴則徵乎其機矣李陵散走擊鼓不鳴齊景伐宋軍鼓毀敗鄴城石鼓一鳴齊亡再鳴隋亡漢成天水南山石鼓鳴則主兵廣漢鈕徒亂尉氏謀反則鼓亦有識孔明八陣石中常有鼓音天陰彌響石勒耕作常聞鼓角之聲則鼓亦有神是在用之者趙葵令敵近五十步乃鼓字

文泰令偃戈于葦聞鼓聲乃發高渠彌逆王師令擔動而鼓田單枹鼓而狄拔梁夫人枹鼓而金遏趙簡子伏弢嘔血鼓音不衰郤克傷矢流血未絕鼓音陳書云吾聞鼓而已不聞金也將以死戰赤腳苗以鼓音為步伐鼓急則急鼓緩則緩鼓固大有妙用王者聞鼙而思將帥大將操桴以明進退可不審厥徵乎

鉦　鼓進矣金則退而狄青制羌令聞鉦一聲則止再聲則卻鉦聲止則大呼突入金止而入使敵難防也則以金為進張弘範追宋師伏看舟尾令聞金聲乃起戰金起而戰使敵不覺也則以金為擊張威以

步師禦金騎令聞鼓則聚聞金則散金作而散令敵難測也則以金爲散劉鄩空幕潛師以出太原流水鳴鉦使敵不覺田單用火牛令女子老弱咸登城擊銅器聲以助戰則又用金之奇也

旗　旗者言與衆期于其下旌者精彩焜燿也幟者衆所標識也唐太宗討吐蕃旌旗絡繹不絕趙贊四布旌旗綿綿遠見魏珪討燕旌旗絡繹二千餘里此不過務精盛以駭敵而已而不知用計取勝者比比魏勝舉義揭竿爲旗慕容農興復裂裳爲旗此無旗而爲有旗以召兵也趙雲騎少遇曹兵大至開營偃

旗諸葛亮守虛遇司馬懿兵大至開城臥旗李陵潰敗盡斬其旌旗埋地以走王越遇北虜竟夜下馬捲旗以走楚戰鄢陵將覆鄭石首曰衛侯不去其旗是以甚敗乃納旌于弢此有旗而爲無旗以脫敵也孟珙變易旗色循環往來曹良臣依河布幟多豎檣桅杜預起火巴山多張旗幟陸遜詐費棧益施牙幢則少旗而爲多旗以疑敵也狄青誘敵忽取弱幟付强軍趙葵玩寇乃還壯軍持弱幟魏勝威敵更以弱軍持强幟此顛倒旗幟以誤敵也韓世忠伏軍二十餘所旗色與金雜出吳玠分置紫白旗與兀术二軍相

間此亂其旗色以眩敵也齊章子數使軍變秦徽章以雜秦軍孟珙知九砦旗制賺入離金此效彼幟入我軍也韓世忠伏兵奪劉忠望樓豎幟沈希儀伏兵入王堯豎幟山頂此豎我幟散敵心也岳飛奮勇而前奪金舞纛胡蕃陰襲燕后斬其牙旗此祛敵幟使敵潰也耿弇易張步幟豎十二郡幟韓信伏兵奪趙壁拔趙幟豎赤幟此祛彼幟而豎我幟使敵人望而畏我軍見而奮也張俊盛幟嶢前精兵嶢後則視旗以為誘韓世忠伏兵大儀傳小麾鳴鼓而後發吳困任福用鮑老旗左揮左伏起右揮右伏起則視旗以

發伏李光弼擊史思明曰視吾旗三揮至地畢入則視旗以齊力瑕叔盈取鄭莊之蝥弧旗登許城周麾大呼曰君登矣鄭師從之則視旗以畢登成祖之身前旗前遮右捲以繳箭長寧之利鈞旗前掩后掩以獲人則恃旗以作戰陳平假韓信旗幟以救白登則恃旗以解圍魏勝之山東旗密書付將鏖揭卽勝岳飛之岳字旗植城賊走堅陣敵降則恃旗以取勝何無忌見何澹之所乘舫幟甚盛曰此必詐也遂攻得之則因旗以識詐至杜槐之黑旗楊業之無敵旗劉錡之順昌旗幟洵英勇有名變詐多端豈但精彩色

爲衆標識已哉

弩　尉繚子云人有弩則騰陵張膽蔡邕云冀州弩爲天下精兵國家贍核魏氏鑽連弩蔡太僕之弩檀名天下則取其精李廣以大黃弩射匈奴秦廖中以白的弩殺虎魏勝牀子弩一矢斃數人李弘神臂弩没榆至半簳則取其强王景神機十萬王匡强弩五百則取其多蘇秦元戎弩一發十矢諸葛連珠弩十矢連發則取其連陳王參連弩十發十中中皆同處戚繼光窩弩箭必洞腰則取其中李寶克敵弩騰躍三百步韓谿子等弩悉射六百步則取其遠陳球弦

木為弩羽矛為矢機射千步東吳鍾離牧神鋒弩射三里洞三四馬則遠而狠楊存中馬皇弩人一彼三張易中遠唐玄宗伏遠弩自能弛張則取其捷便唐杜祐絞張弩張能自發聲如雷吼南越神工臯通造神弩一發萬人死三發斃三萬人則遠狠捷便無不至矣然此猶制作之善也而實有妙用焉漢高平城令人各具角弩一墨子令二步一木弩此則用多法公孫瓚擊袁紹選強弩千張先登耿純攻赤眉選強弩二千各付三矢前行此則用強法周禮迫近用弱弩遠到用強弩虞詡誘敵先用弱弩敵既近忽用強

弩每二十共射一人指無不臧則強弱兼用法韋叡制楊大眼閉壘斂矢俟其近二千強弩一時俱發耿純攻赤眉選強弩一千夜繞賊后一時俱發孫臏殪龐涓以萬弩夾道見火起齊發王德刼火牛以萬弩前行將近齊發則齊發攢射法吳玠爲駐隊陣強弩先發矢強者後發前後繼射敗南塘五人爲隊更番迭射則相續不絕法孟珙曰城上架弩射遠而不射近可薄而攻林坡伏弩射平而不射高可車而發則亦可破也六韜云強弩神號遠望所以隔岸踰水戰此亦言其一端也至愼子云弱弩乘風而增高太公

云強弩之末不穿蒿此亦談至理善用兵者不可不知也

弓　弓戰不及弩以其緩而可避也而貫注稍易陳球弦木爲弓交廣黑子弓長數尺此直弓之大也谷永彎弓三百斤符琳彎弓五百斤此計彎弓之力也商陽手弓襲吳師吳師不敢追伍員貫弓向使者使者不敢進此獲用弓之利也阿利造弓不能貫甲郎斬弓人冉堅失弓季武子罵之詩曰二矛重弓以備壞也則造弓用弓備弓之法也而善其術者李陵架空弓而却匈奴姜維發空弓而沮郭淮則用空弓之

利也漢書曰秋氣至弓膠可折匈奴出當備李維楨
曰霜凝弓勁正虜將候月之時直宜謹防唐太宗曰
天久雨弓膠將解虜可擊此審用弓之時也王忠嗣
不欲開邊釁則弢其漆弓燕將陳人解圍則倒韔而
去收弓不用亦一善策至于晉平弓工精選四材晉
景弓工精盡于巧又云凡爲弓因君志慮隨人性情
以其形貌魏加云傷弓之鳥落于虛發楚人弱弓可
繳歸雁唐太宗云其心不正其理皆邪皆諭理格言
如楚宣弓不過三石左右譽之以爲九石而終其身
不明其說又在喻人君之不可受小人蒙蔽也

矢　矢長尺餘矢亦有巧焉耿恭以藥傅矢中瘡皆沸虜疑有神臧霸藥矢所射不可猝拔以見矢之毒李寶箭上施火所中焚爇劉綎袖箭亂飛所中微芒不弓而發不羽而馳以盡矢之巧陳球討朱蓋羽矛爲矢蘇秦元戎弩以鐵爲矢交廣里子弓長數尺以焦銅爲鏑勃勃使叱干阿利監造弓矢射甲不入即斬弓人以妙矢之利嘗頓以鳴鏑爲矢鳴鏑所射皆射之石虎以髐箭爲號髐箭一發騎軍悉集突厥娥沒以箭分國十部爲十箭裴矩結射匱討處羅則賜桃竹箭曰此事宜速行如箭則以矢爲號令然有反

用弓之時杜景拒拔都督牌權射目則擇小箭張巡射卒賺帥則用蒿矢庾公不欲殺子濯則去其金有不用矢之時狄青討羌令去弓矢盡執短兵大呼前奚王曼球討王都令悉去弓矢執短兵以前曰易薄而擒有無矢而使爲有矢之時孟談拒智予矢鉄發牆之荻以爲幹來歙拒隗囂矢少發屋斷木以爲矢段熲追燒當刀折矢盡猶進追之有無矢而取人矢之時孫權乘船觀曹軍箭集船偏乃迴船受箭船平乃回諸葛亮以昧旦乘霧幔舟鳴鼓向曹得箭數十萬張巡夜以蒿人被黑縋城尹子奇射箭不絕矢滿

乃持上强伸得元箭截而爲四剪鏃爲鐵以銅鞕發之有空人之矢法湖南制司耕蒿持炬鳴鼓而進耗蠻毒矢倭每戰以二人前行跳躍蹲伏以虛我之矢箭有廢人之矢法楊存中曰敵恃弓矢長斧湧進則屈而無用金人張滿環列待發韓世忠持矛大呼奚前矢皆墮壍漢樓煩善射執弓注矢項羽叱之煩目不能視手不及發而走有禁人之矢法劉子南用螢火丸凡矢至馬前五尺輒墮地五兵不傷山越能禁金矢皆返射蕭穎行邪術矢石不能中有破禁法賀齊曰能禁金者未必能禁木乃以白挺破之劉朝恩

見矢射莫中曰此必邪術乃擲狗首厭之亦有覘人之矢而知敵情法張遼見昌豨矢疎而知其志將降吳璘見守陴者注矢不發而知人心在宋有覘人之矢而知何地之兵法見射矢過握而知匈奴射鵰手至李希烈見射矢及牀而驚韓滉弩手至韃靼人不數矢矢不虛發李晟一箭斃悍四薛仁貴三箭退九姓則善射者矢亦不在多然周處討賊弦絕矢竭大軍不至而死樊時中射紅巾自辰至卯應弦而倒者甚眾矢盡而死李陵擊匈奴五十萬矢一日皆盡曰人復數十矢可脫矣則矢亦不可少故延壽負鞬承

矢王忠嗣令人必備矢填名亡者第罪未用更償今騎士鞭稍長二尺餘爲嶽矢墜圖見有遺矢輒持上又爲活鏃射不得拔得拔得笴則以活鏃加之使箭不乏矢有所指箭爲前進鏑以禦敵鏃以滅族神名

續長

射　射之道微矣如陳音曰正射之道左手若附枝右手若抱兒繁人之妻曰吾聞射之道前手放發后手不知則論法善紀昌習射先習視小以至于大种世衡以銀錢爲的習射中則與之中者既多銀重如故而漸厚而小則習法善李悝教上地射訟者中則

勝李抱真教澤潞射善者蠲租徭种世衡教青城射有過者中則宥之則教法善曹瑋使弓箭手較射勝者與田課宋太祖每使兩人對指較射木矢氈頭不中則鞭之則較法善韃靼非三十步不發女真非五十步不發李廣度不中不發譙子法訓曰善射者調弓定準見可而發則發法善裴環射中蕭撻凜契丹之盟成盧鏜射殪紅袍倭倭乃靡衆退長狄兄弟瓦石莫能害叔孫得臣射其脰而僑如絕則射之功用非小也而藝神者田興角射一單莫及李廣劉淵慕容翰猿臂善射曹彰石虎岳飛魏勝能左右射劉曜

射鐵厚一寸李思忠射鐵鶴沒羽楚熊渠李廣射石沒羽荀琳荀洛射洞梨耳薛仁貴一矢洞五甲則能透堅呂布轅門射戟慕容翰退追中刀養由基百步穿柳葉伯西爾后矢貫前矢慕容盛百步穿箭李克用百步中針紇昌射虱貫心則能貫小斛律光射飛雕王幹高駢長孫晟貫雙雕則能射飛劉錡射梔斗一箭穿水一箭塞之賈堅射牛一箭拂脊一箭磨腹能令不中拔已至矣而因射成名者來瑱應弦飲羽人目為來嚼鐵杜山從矢不虛發號杜彪陳堯佐得手應心稱神箭陳九疇間道上射虜疑分身飛將如

甘蠅飛衛精藝相傳谷永彎弓三百斤苻琳引弓五百斤朱伺龐德矢不虛發此皆一人之善也太公選善彀能左右前後皆便者爲武車之士而厚之蘇定方率能彀之士爲前鋒者二百陶魯選能射二百步者三百明之宗禮所統精悍絕倫箭手九百馬隆募引弩三十六鈞弓四鈞者三千五百李陵將力扼虎射命中者五千才膂習弓射二萬騎射二萬張俊選挽强之士五萬李牧選善彀者十萬雖然有善彀者在于善用虞詡先以弱射敵近乃以强射吳璘强弓先發勁弩神臂次射趙奢軍鬪與選善射拒前以築

壘郭子儀以善射伏壁敵迫乃射石勒追王衍分騎圍射孫臏殲龐涓夾道而射宇文忻旁射觀者觀者擁呼騰走因言賊敗麾衆迴擊則用巧矣至太公畫丁侯而射丁侯病而求降魏加更羸不矢不射虛弓下鳥則巧之巧者也然善用者不必善彀杜預射不穿札而居將帥之列王僧辯射不穿札而所戰輒勝崔浩不能彎弓胸懷兵甲歐陽修曰智爲萬人之敵不可限以弓馬以能用弓馬也張華云養由矯矢獸號于林蒲盧繳神感飛禽此又喻人之能厲厥志則無不可以入精微也

衣一衣耳何與戰事而呂蒙襲荆服白詐爲商賈也岳飛撼金被黑夜混入敵也沈希儀爲毳衣與草同色使人入猺舉砲吾侯伐齊平陸右以衣物爲人形左實右僞淳于坤服齊王袍出南門齊王出北門樂毅詭爲脫袍計虞詡兵少使人變易衣服循環往來金拒速不台兵少假婦人以男子衣冠此用衣之妙也王晙使人胡服鼓角吐蕃不辨終夜自鬭高仙芝使人胡服詐爲迎降誘軍奮往慕容寶效元魏沒根衣服號令入魏中營達奚武百騎衣敵衣夜入齊營若爲警夜柔憚與數卒變盜服而入盜所此效人

衣之妙也至于馮道根裰服登城魏人見其意思安閑乃自引去謝艾㫨衣博帶指揮三軍敵人怒其相欺奮入而陷虜謝使人入賊中以彩線縫裙賊出而擒郎一衣而緯有妙機豈但如訛可穠彩自固段遼重袍攻慕容柳城李克用軍皆被黑所向摧克人號烏鴉軍已哉

甲　甲以衞身者兀朮以鐵甲爲前鋒中山邱鳩多力每衣鐵甲而擊則以鐵荀子云楚皸鄭兕孫卿子云楚人犀兕以爲甲周禮鄭注革表合甲淮南子云人無觔角爪牙之利故爍鐵爲兵割革爲甲則用革

取其堅也吳王僚就宴姬光被棠夷之甲三重前趙杜育每戰被甲三重取其厚也蔡祐與齊戰被光明甲石季龍左右置衛萬人皆着五色細鎧光耀奪目取其精也齊桓衣上甲六百夫差衣水犀之甲二千則精而多也阿利監造甲射甲而入則殺鎧匠公息忌謂郗君曰爲甲必以組竅滿盡任力叔孫氏之甲必有識記制之善也楚鄧廖組甲三百以漆爲之以服貴者被練三千乃爲甲裏以服卑者馬燧爲甲長短三製衣士所稱則衣之善也管子以重罪入兵甲犀脅輕罪入鞈革乃重革也當心著之以禦矢則取

法善也武王克商服闕鞏之甲楚王身被賜夷之甲越王勾踐被棠夷之甲唐太宗身服玄甲王思政每戰著破衣弊甲則人各有甲韓子云攻戰不已介生蟣虱觧律光不脫介冑劉詞被甲枕戈則人不離甲劾里身不被甲往返擊敵而能無傷强伸禦元赤體無甲所向摧破韋叡攻小峴見敵出城不待授甲卽鼓以進檀道濟爲匈奴所圍解甲白服虜不敢追則人不著甲朱伺詭可鐵爲面甲狄青銅爲面甲大西國眼目甲蔽隨眼開合則滿身皆甲蚩尤銅頭鐵額不畏刀劍真臘身嵌聖鐵刀箭不能害滓泥以蒜膏

塗身兵刃雖傷不死三佛齊國有萬金良藥諸兵服之刀箭不能入則一身如甲姬光請王像伏甲私室諸侯盟宋楚人衷甲藏甲于內以懷奸也吳僚左右夾陛帶甲王敦之黨重鎧鎔鐵列甲自固以防危也李典擊高蕃曰彼恃水少甲可渡而擊則因其少慕容農拒石越曰彼有銳甲我無伏兵不如待暮一戰則破其銳謝機能被鐵甲馬隆採地磁石夾道累之鐵甲不能前馬隆被犀兕往來奮擊大破之則因于地劉信叔守順昌虜冒暑叔取鐵甲暴日中烙手出戰遂大勝則因乎天者劉縱千金弊甲能識吉凶斷

藤之蠻以藤爲甲能坐而浮水則甲之奇勾踐獻先人藏甲二十以賀吳則以甲効捷宋太祖賜孝武以蕭鎧則以甲爲結司馬懿置甲岐左而身奔右則以甲誤追苻登攻姚萇鎧刻死休李顯忠復和州以泥塗甲冒火而進則專事攻擊者至如左公徒釋甲執冰而飲暑無戰志則以上不恤下之病王韜累斷函谷春申君令軍士儘力退敵盡脫衣甲堆填爲嶺須臾而渡周尙文爲虜所追前阻深澗令軍士皆卸甲填之須臾濠平而渡則脫身救急之計慕容寶擊魏問傳父死遁令軍士一夜棄四十萬衣甲悉盡劉盆

子二十餘萬人降光武積甲與熊耳山齊彼不能用者雖多亦奚益哉

胄　犬戎以朱漆皮作兜牟宋太祖賜孝武鐵胄葉子高平白公之亂始以人望而免胄使人識而有歸復以人望而胄使人不見而保無他突厥疑薛仁貴已死貴脫兜牟示之而骨篤祿拜回紇疑郭子儀已亡子儀免胄見大酋而藥葛羅羅拜阿骨打破遼救子免胄而戰故有胄而勝亦有不胄而勝者孫策敗使祖茂代頂赤幘以分敵追太史慈失戈挈胄擊孫策曰若兜牟帶不斷未可量也則胄戰也

盾　盾者遁也以遯形也大而平者曰吳魁帥所執也隆而高者曰須盾須所持也或曰羌盾出于羌也約脅而縮者曰陷虜可以陷破虜也今謂之曰露見桓公曰寡甲兵奈何管子曰輕罪贖以鞼盾一戟纖革有文如纘也陶侃獻金革大羌盾五十青陵金革盾五十曹操征袁紹以短竹片爲盾楊德祖以剩竹片爲甲盾皇甫謐編荊爲盾袁紹射操營營中行者皆蒙盾褚季野北伐軍士忽聞持兩盾后潰敗兩手各持一盾蒙首而走

竹　猳兵以竹爲筅曹操以竹爲盾徐達以竹爲笆

亦木屋破士誠則以竹戰鄧訓以竹爲箄置革船掩迷唐沈希儀以竹編筏爲緣疑荔蒲賊則以竹行計也而尤奇者劉錡斫金營折竹爲器如市井小兒戲者吹爲聚散乘夜擾之忽東忽西忽起忽伏金人莫測也

木　苻堅之敗望八公山草木皆爲晉兵羅通守居庸虜望烟雲皆若數萬人狀石勒居武鄉北原山草木皆有鐵騎之象是將能而草木皆兵也徐盛植木衣葦爲疑城假堞韓褒以甲冑被南山草木爲營陣是將能而草木皆壁壘也劉綎刳木爲將貯砲藏火

策馬入陣則以木爲人諸葛亮作木牛流馬運米斜谷則以木爲牛馬岳飛流腐木亂草碍楊大飛楫舉巨木撞壞其舟則以木戰鬬苟如姚興束柏材從汾上流縱之以毀浮橋魏因鈎取爲薪此又制人而爲人所利也

樵　絞小不出莫敢令勿護樵採示弱誘之使出也周訪畏杜弢之勇令人如樵採者出結陣鳴鼓而來示强懾之使退也文懿單弱司馬懿令勿鈔其樵採恐其驚而逸也此不抄之妙魏奚斤至安定赫連昌日至城下抄其芻牧使不得出此抄之妙也勃勃進

據咸陽長安樵採路絕劉裕召義真歸而城破慕容翰圍段龕築室固壘使樵採路絕又圍呂護築守長圍使樵採不通此攻堅坐制徐勝之妙也

薪　欒枝誘楚以輿曳柴揚塵偽遁致楚馳之石勒攻靳準晉遣萬五千騎曳柴揚塵暄于山谷冉閔攻石祗慕容儁去閔軍數里疎布騎卒曳柴揚塵使敵疑救之大至察罕走靈壁乃聚薪空營以致煙如人炊爨狀呂蒙欲取曹仁馬乃以柴斷險道仁敗不得走遂棄馬步踰賀若弼取陳則以葦塞楊子津而以舟藏其中使敵不覺而善用者夾壘疊柴爲橋如劉

錡輿柴囊土名淖如兀朮積柴實濠攻城如孟珙是以之助水攻叢柴燒康居木城如陳湯束柴一把熜爇連營如陸遜灌膏于柴焚邵陽浮橋如韋叡架柴陷城爲火山絶路如孟宗政則以之佐火戰

芻　劉鄩結芻爲人乘驢巡城而遁兵張巡夜縋蒿人披黑踰城而誘箭王濬縛草爲卒乘筏前行以去鐵錐畢再遇縛蒿被甲持炬鳴鼓而進以誘水櫃湖南制司縛蒿列炬鳴鼓昧旦而進耗蠻毒矢或㠯或夜或誘或襲轝疑兵也至于魏顆因鬼結草抗秦馬高陵浸麥成芽拌土幔路及爲絞地陷坑三日皆成

青草數蔓土上新舊莫辨賊不能測不知所由抑亦奇矣

竈　孫臏用一減竈法以誘龐涓虞詡悟一增竈法羌不敢迫察罕悟一致烟法積柴聚烟于空營潛往靈壁藍玉悟一匿烟法穴地而爨使虜不見以襲捕兒海吳王悟一掩火法建胡肥幡出火滅火令晉不知范匄悟一夷竈法塞井夷竈而疏行首以却楚韓世忠悟一徹竈法陽退而陰進而伏大儀共士力埋地雷藥線于竈空城委敵使敵相觸而斃一竈耳何與戰事而或增或減或致烟藏烟出火滅火夷竈徹

竈苟能變用曷可勝窮哉

沙　韓信決濰囊沙壅水李允方塞渾亦囊沙壅水曹操渡渭以水漑沙結爲氷城檀道濟唱籌量沙胡彬揚沙爲米皆以救急一時戚繼光綰沙于股梁太子朝夕行沙又以練足善踏耳

石　李嗣業歷山四面額石吳璘守饒風礮石如雨朱伺拒石勒擂石如雨李侃守項城其妻曰以瓦石中賊者與千錢以石守也速不臺攻汴取假山碓磨爲礮石擊與城齊高固入晉師桀石以投人擒之而乘其車以石攻以石戰也神農之時以石爲兵孔明

漢中積石爲陣陶侃拒元美疊白石爲壘蒙恬拒匈奴于河疊巨石爲城馬隆夾道累磁石使樹機能鐵甲留滯此皆用石之奇也

城　鯀築堤以禦水後因以禦寇故淮南子曰夏鯀作三向之城然長者曰塞矮者曰牆小者曰堡在營陣之中爲壘壁皆城之類也燕趙拒胡就土爲城蒙恬拒匈奴積石爲城荆民避湖中壁木就水爲城此因乎地也曹操渡渭灌沙爲城女直禦元淋灰爲城

　疊草木灌水爲城此因乎時也晉舒翰築神威軍應龍城高駢築羅城張仁愿築三受降城以

遏匈奴南寇路楊朝晟築方渠合道木波三城控制吐蕃要路成祖十日程築一城以護餉道此則持久之計也而大有利者元載請城原州不聽而吐蕃城之宇文護不聽韋孝寬之策斛律光果築華谷龍門二城則利為他人有矣至姚萇誘苻登開城納欵而懸門發鐵鉉誘成祖開城呼萬歲而懸門發則以城戰也故秦始築城以遮胡綿亘萬里而為長城刁雍禦蠕蠕曰長城要害往　于其側因地却敵而有小城金劄土陷城孟宗政築月城接補則城內築城孔明雲梯攻城郝昭城上築矮城以拒則城上

築城則以城守也彼高歡築山上攻韋孝寬接樓以應金人擁梯下瞰孟宗政長戈撞之則戰于城上高歡穿地道韋孝寬掘塹拒之金人穴地道孟宗政鼓烟熏之則戰于城下而善戰者如孔明守備單弱開城理琴而司馬退張守珪板築未就鼓吹開城而吐蕃走徐州民反祖珽令勿閉城禁人出衢反者疑城已空珽忽鼓譟而出因以敗賊則開城之妙孔明進攻司馬懿閉城不出而亮自退孫鏜失利程信閉城不納而鏜附城死戰則閉城之妙周亞夫委梁與吳以絕其后陶侃捐邾不守曰恐在此引寇則棄城之

妙三家倚費成郈爲亂孔子使仲由隳之王姓恐城峻藏寇悉壞其城則拆城之妙張仁愿不設壅城門曲敵戰格曰敵來當戰何以城爲墨翟之楚解帶縈城公輸班技窮而守有餘楚師遂止則善戰者又不在乎城也至寇準爲北門鎖鑰范仲淹檀道濟爲萬里長城兵法曰衆志成城則善戰者又以人爲城也徐盛植木衣葦爲疑城假櫓隋煬令宇文愷造行城車載而行胡人驚以爲神戚繼光畫幔爲城隨止隨張使人望而疑駭則無城而爲有城也李允則城門失鎖必知有奸乃故擴其坏吐蕃納鎖不合而殺諜

者杞子以鄭使掌其北門鑰潛獻城于秦則守鑰與掌鑰皆當得其人也平湖患倭胡松欲爲城而難就乃自請縛置軍前以禦倭民懷其惠患之遂不閱月衆趨而成此速成之法也麟州無水呂公弼欲築城包水于內其地多沙善崩鄧子喬令掘土抽沙實以炭末堆上而就宋爲建昌城南陽屢圮王佐臣乃竅石灌鐵互相鉗壓乃得不崩此築城之難也汴城歷代所都周世宗取虎牢土築之速不臺攻之受砲三十斤受處惟一凹夏勃勃築統萬命叱干阿利監之烝土而築其城益實至殺作者并築城雖美亦何益

哉又不知堅城長寇不如不堅之為善也築城之法
也

牆　許逵守樂陵令民門皆築牆高過其宇下留一竇僂而出入以一人守之餘者皆伏委巷賊至城中兵無所施火無所加伏發大破之近有楊州牧兵至令民于街道各築短牆突如犬牙相錯行須委折民皆乘屋而守拋施瓦礫賊至城內不能得縱橫遂退而走古人于城外築羊馬牆內可列守外阻敵衝亦此意也至如杜槐追倭伏出牆間可不慎哉

江　從來守江者有鎖江法任滿據荆門虎牙橫江

起浮橋關樓攢柱魯奇載飛炬燬之魏于郃陽跨淮為橋立柵通道韋叡載葦荻焚之吳于江津險要以鐵錐暗置中流王濬以大筏祛之又以鐵鎖横截江口王濬以炬斷之晉以鐵鎖斷德勝口造浮橋夾塞王彥章載冶及大斧斷之黎犂于富良江用刳船載木立柵横截江中張輔乘其未備破之則是鎖江者俱已為人所斷也苗翊負山阻河植鹿角梗舟韓世忠舍舟而陸宋人守郢横鐵絙鎖艦樹椿伯顏舍郢繞出藤湖李輔設七星椿于江州沿岸徐壽輝舟不得進迨後亦破之則是江亦不在乎鎖也況趙范曰

泛江千里港汊蘆葦之處皆可潛濟安能盡鎖哉陸抗曰恃長江限帶守國末事即云守必如趙范曰守江當于淮趙方曰守江當遏敵于外與呂蒙夾濡須立塢乃可也故善守則陳孔範曰天塹曰遠城曹丕曰天限南北不善守則王濬之軍飛渡樊若水引繩可濟賀邵曰一葦可航伯顏曰吾且飛渡况均此江也張昭曰操得荊則長江之險與我共以荊據上流也孔明曰荊據上流北得可窺南南得可窺北故守江者又以據荊爲上策也然張萬頃檄高麗曰不知守鴨綠之險是不智也泉男建報曰謹聞命矣移兵

守之以守險之法告人其不智又更可嗤也
據山　余玠城釣魚因山爲城劉子羽築潭毒因山爲壘海州孤山高可瞰城魏勝包山以爲守武昌高冠山可瞰城中傅友德奪山以爲攻鄧艾襲陰文峻阪深險則褁氈推轉而下劉顥平九系懸崖陡壁則捫蘿腰組而上馬援破翼谷陳兵山前而陰襲山后張俊奪石幢佯爭山險而實衝山東賀齊拔歷山鐵戈拓隱而實攻山僻許歷曰先據北山者勝秦軍雖勇卒莫能爭姚仲曰戰于山上則勝習不祇雖智敗莫能謀李嗣業陞山額石李成憑山轉木石敵皆莫

能近則山之利大矣故王韶曰既入險地當使險為吾有在能據人之險慕容鎮曰昔成安不守井陘之險終屈于韓信諸葛瞻不據東馬之險卒擒于鄧艾慕容超不守大峴之險見獲于劉裕又在能守己之險然張遼衝陣孫權據山自守土崩瓦解吳兵進追昭烈登馬鞍山陳兵自繞莫能站立山亦未可恃也故均一山也賈逵違令趨山而勝馬謖違令趨山而敗山亦何常在善用之耳

砲　范蠡能為機飛石十二斤走三百步此砲之始也李光弼作砲石車飛巨石一發斃二十餘人此砲

之狼也作擲石車一發斃數人藏于陣中敵近乃發此以砲戰也李密以機發石爲攻城具此以砲攻也戚繼光造單稍雙稍五稍七稍漸次而增也旋風鵝車隨人轉戰也速不臺攻汴造攢竹砲飛石三十斤遠致數百步更迭上下合抱之木一擊輒碎使發之無窮也阿里海牙攻襄陽造砲巨百五十斤相地勢安立機發聲震天地所擊無不摧陷入地七尺高臺遠墩長江大河俱可安打則又無不宜矣李允則顕水爲砲速不臺取假山礫礶磨爲砲戚南塘城頭砲大石不拘塊數不論方員平側能發卽用是無火藥

之費而無不給之虞乃戰守極宜者

繩　呂望爲飛絙以渡江河樊若水引繩采石以量
浮橋戚繼光爲皮梯竹階以踰城池莒子婦紡纑爲
度以縋齊師此特用繩于戎而已若陳東攻桐鄉以
躍竿撞城一男子爲縉索圈套竿眼竿至挽上斬之
郭登爲飛天龍劉顯爲紅綿繩散行陣中應手縛人
則以繩戰也況絆馬踢圈又時以偵伺于路者

屯　足糧持久莫如屯或用兵屯趙充國罷騎兵屯
金城而破先零桑弘羊請遣卒田輪臺以威西國或
用民屯晁錯請募民選常居者家室田作又募罪人

及免徙者令居又募民欲往者賞賜高爵復其家室予冬夏衣食曹操從棗祗言募民屯許下得穀百萬倉廩皆滿我太祖募民山西賞鈔給田或徙民屯石虎徙民屯樂安城以圖燕或分兵以屯諸葛由斜谷攻魏分兵屯田與居民雜耕我明于衛所所在有閒曠之地分軍立屯堡且耕且守司馬懿取吳用鄧艾計屯淮南北以十二分休且耕且守太祖又議兵衛以十分爲卒守者三屯者七每夫五十畝收糧十二石或用開墾羊祜屯襄陽減戍邏之卒厚牛種之給墾田八百餘頃唐開軍府以捍要冲因隙地置屯田

然屯有屯之官漢明取俾吾廬地置宜禾都尉唐憲
振武軍機李絳請開營田乃命韓重華為營田使出
贓罪吏九百餘人給以耒耜耕牛凡墾八百餘頃宋
太宗大興河北屯以陳恕為營田使然屯必因乎水
湻化中以何承矩為屯田使于河北諸州水所積處
大墾田元虞集請于瀕海數千里築堤為田聽富民
募衆耕之能以萬夫耕者為萬夫長千百如之事未
行後河決丞相脫脫用賈魯議發丁夫十七萬疏築
如集旨竟收其利成祖用黃福言濟寧以北衞輝真
定河間皆河濡地請以十萬軍屯之又水必善于引

杜預修召信遺迹激用滍淯諸水浸原田萬餘頃如史起導漳于鄴鄭國鑿渠于秦白公借淮于涇水馬援引流于洮濱鄧艾請屯楊豫以爲克吳計郭元振屯涼州善撫綏而夷夏寧郭子儀屯河中自耕百畝而吏士勸杜元凱屯荆州李泌復府兵屯渚邊劉子羽屯蜀中楊炎樊知古張齊賢皆用之如我太祖用宋訥立法分屯布列邊徼遠近相望首尾相應則敵置密又令邊境旣寧撤守關士卒僅留備稽察外悉令屯田則致力一成祖屯遼陽官爲鑄器市牛而措牛于朝鮮則耕具給又使得各地開墾不論荒土官

舍俱不禁不拘土客軍民家不起科則無稅斂仁宗以民于各地受屯者則不以征繇給役之令擾之恐其妨農則免繇役宣宗以石亨上屯田子粒數多擬實賞之則又以此爲官英宗時葉盛復官牛官田積穀益多以其餘易戰馬千百匹修築城堡七百餘所則又以此興利又云闢草萊而稅饒利一養丁壯而兵銳利二流徙漸還戶口日增而士卒日衆利三室家田作人自爲保而邊塞可固利四芻糧在邊可免一石二十鍾之費利五粟積人聚班戍可蘇勾稽可罷利六邊備既足則漕輓可免天下之民力舒利七

故有事荷戈無事畚插士安于農戰習于邊積豐于垣國無養兵之費而實收守禦之功也迨其日久流弊如商輅所言膏腴悉占爲莊田士卒無近地可耕梁材所議墩堡不修虜可輕犯士卒耕守無憑而不敢耕劉定之所議職屯者不至阡陌典屯者不較倉廩因循苟且侵欺侈用有之王崍所陳今日曠地明日徵逋持之太急邊民叛入胡者有之故李庭機請不論膏土沃田荒蕪能開墾者悉與爲業毋有所問又令鹽商輸粟于邊使耕者有所資積者有所散又任人廣募薄征緩取而後屯可無壞也屯又在得

地如河套之內成化間程萬里之言不行嘉靖間曾銑之計不用捐千里可耕之地與人邊境自此多事矣必如余子俊移鎮榆林包收膏腴樹藝圍獵得擅而有乃善也

饟　夫饟法自屯以外則在于耕管子開塞商鞅耕戰要使國富而兵强也冉閔攻石祗未可猝破築室返耕石虎攻徐龕需以歲月列長圍返耕亦在于能積孫權積米穀于高安以備需須种世衡積穀于邊所至不煩增饋余崇龜守九江勸農積穀宿師十萬給不擾民鄧艾爲尙書郎大積軍糧三千萬斛爲十

萬軍五年之食又在于能設法變通如漢文從晁錯
言詔民入粟于邊得拜官免罪漢宣使鄭吉以免刑
罪人積穀車師王忠肅鎮遼令有罪者入錢穀以贖
何良俊云各府縣贓罰銀卽令糴穀張詠守成都聽
民以米易鹽而軍食充給种世衡以官錢貸商旅使
之還穀明朝開鹽引使商賈輸粟于邊又出帑藏于
稔時收之以爲常平又按徵收多寡以爲賢否太祖
又令各于屯地所宜樹桑柿棗栗得兼爲餌蘇秦曰
燕雖不田作而棗栗之實足以富國總設法以出饟
也而變通則在人如蕭何饋餉不絕寇恂儲蓄無缺

蔣琬調足軍食李善長供給贍盈唐安史之亂天下稍乏八九所在宿重兵凡內外錢穀皆倚辦于劉晏爲善也外此則有助糧卜式半以家財助邊漢帝俟之以風天下有上糧孔渠爲新鄭長備乾糒勞豆數千斛操迎天子上之鄧禹西征乏糧王丹率宗族上麥二千斛有餽糧泛舟之役秦輸晉粟楚攻韓周糗秦韓而招楚怒有食敵糧者晉師餘穀三日吳師食楚食而後戰劉裕伐燕曰館糧棲畝軍無匱乏之憂悉停江淮漕運有取敵糧者石勒襲取向冰儲郟貞在邊積三十年每討賊不持糗糧取之于敵然在敵

則有遏聚者姚興遣楊佛嵩燒吳淮南積聚以遏劉裕屯聚之計有擾耕者高熲頻徵士馬時出時入使敵支應不暇擾其耕穫有散積者彭越焚楚積聚李密開洛口倉與民取之任意遺米成塗惟祖士雅佃于城北軍士禦于外老弱穫于內急則燒穀而走則耕而兼戰濮上之事田盼曰易糧于宋而宋悅則梁不敢過宋而伐齊是以餘糧收宋也越以蒸粟十萬斛餽吳吳爲種吳人種之五年不生吳大飢因取其國是以蒸粟得地也

運　軍食足亦在于善運故鄭渾入漢中以運糧爲

最秦使天下飛輓率三十鍾致一石則以車運虜胡爲武都奮擊戧五致一則以驢馬運晉奭堰呂梁派流樹柵立埭虞詡剪木燒石開漕通船則以水運石虎運穀樂安城于司冀七州兼復之家五丁取三四丁取二自河通海則發人以運此常運也至孔明作木牛流馬運女真爲狗車如船使數十狗拽爲木馬如彈弓擊足激行二者往來于冰雪上運則異矣刁雍備蠕蠕令于臺北諸屯隨近作米供送六鎮曰計六鎮東西不過千里一夫一月之功當三步之地三百人三里三千人三十里三萬人三百里千里之地

強弱相兼計十萬人一月必就運糧一月不足爲多人懷永逸勞而無怨此千里步運之術也海寗不通舟楫董搏霄曰每人行十步三十六人可行一里三百六十人可行十里三千六百人可行百里每人負米四斗以夾布囊盛之用印封識人不息肩米不着地排列成行日行五百回計路二十八里輕行一十四里重行一十四里可運米二百石每運一日給米一升可供二萬人此百里步運之術也則尤奇矣外此則有羸糧魏氏武卒羸三日糧于身吳起身自羸糧羸糧者擔糧也有齎糧桓温伐蜀惟齎三日糧項

羽破章邯齎三日糧睦遂曰魏兵馬上齎糧不過旬
日齎糧者持糧也在敵則有遏運者羊祜因堰通糧
陸抗破堰泄水有奪運者劉夜臺運米餽桃豹祖逖
逖而奪之向氷有所儲運石勒襲而取之有絕運者
曹操用兵每絕人糧道李左車欲間道襲韓信輜重
周亞夫以輕兵絕吳楚餉道呼延那雞親絕韓璞運
路徐達遣丁德興扼張士誠湖口餉道前燕劉當帥
騎絕桓溫糧漕李邽帥兵絕桓溫陸運則兩絕之也
故有護運法曹操出師嘗以輜重居前石勒爲司馬
睿所迫使輜重既遠大軍徐還劉裕伐燕所過留守

以達輜重成祖伐虜行十日程築一城以護餽路有因運設伏者石虎向壽春軍士遇糧運爭取無備絕瞻發伏破之追奔百里赤眉載土覆豆若爲運糧敵爭反擊裴行儉因虜奪運乃匿壯士于車而以米覆使弱卒挽之縱虜奪取猝起躍擊自是糧行者虜不敢迫此又因運作戰也至于運輸不足如李平督運交錯削爵梓潼張賓不行亟運孫堅斬之尹緯租運不繼斬位班三品諸部大恐多入此又速運之術也

輿　黃帝與蚩尤戰而作車少昊加馬奚仲加牛李賢曰運有足之城策不飼之馬戚繼光曰一則前推

一則治力一則束步伍也馬從謙曰動足以衝突止足爲營衞士卒有所庇衣糧有所齎太公云車者軍之羽翼陷堅陣邀強敵遮北走也曰一車當六騎一車當步卒八十人又曰十乘敗千人百乘敗萬人或又曰騎兵馳射捷疾非車不足以當又曰火器必以車載而後可以馳遠然古之所謂載者爲大車重車守車戰者爲革車輕車兵車戎車衝車攻車後世所謂武綱車偏箱車鹿角車也韋叡射楊大眼則結車爲陣諸侯伐偪陽狄虒彌建大車之輪蒙之以甲爲櫓衞青擊匈奴以武綱車爲營李陵擊匈奴環大車

為營魏珪五千人為劉衛辰八九萬所圍乃以車為方營並戰而前大破之則以車為營劉錡禦金取癡車埋輪城上勃勃拒傳僓鑿陽武陵埋車塞路則以車為守呂向為雲車攻城公輸般為雲梯衝城荀長圍襄陽作飛雲車飛梯挖城楊廣攻遼東作八輪車高出于城張綱造衝車覆板革為屋蔽矢石為飛樓懸梯木幔遙臨城上則以車為攻至于戰則古之輕車三人上乘左射右刺中行說戰車四人下推一人乘射則載人以戰魏勝如意車二人推車五十人隨後則蔽人以戰馬援偏箱車地廣六角地狹置大屋

虜狹宜矣馬燧冒猊列戟行以載兵止則爲營行止善矣李綱皮篘鐵𥕏上下俱衞長槍短戟長以禦人短以禦馬攻守兼矣魏勝如意車𨍏幔軟牌掛搭如城壘遠則發弩近則發砲正戰出步夾戰出騎勝則拔追敗則入息慮有拒遏預習解厭戚繼光加以遠到火器追擊用騎東制之精莫是過矣馬從謙云與虜相對則重車層疊方軌而行山谿而進謂之奮擊虜衆未集則衝車直隊竟剌部落謂之衝擊我軍未集虜騎忽入則排車橫陣高壘厚壁以奪歸路謂之邀擊虜衆深入絡繹連亘則分車角陣縱橫開合約

號四起謂之夾擊虜有重載則以輕車夾騎三道排
堵追擊虜遠則以火器遠擊此得乎用車之大也至
如魏勝弩車射三百步李光弼擂石車一砲斃數人
楊璇灰車順風揚灰馬燧火車燬營焚柵皆盡一時
之巧王軌過艦而貫車下流馬燧渡漳則維囊載土
裴行儉匿壯士于車覆糧誘敵赤眉載土覆豆敵爭
反擊張詔蘇玄明匿兵于柴草車載入謀逆孫臏范
且楊修車藏出入皆盡用車之變官渡之戰操作石
車以擊紹紹作霹靂車以擊操則兩皆用車巫臣教
吳車戰而吳強秦襄車鄰四鐵而秦盛能善用耳荷

不善用房琯陳濤斜之敗議者譏其泥古則車亦有時可敗晉伐狄魏舒曰彼徒我車所遇又阨乃毀車爲行伍爲陣相麗兩于前伍于后則車亦有時宜毀行伍以什供車更增十人以當一車之用則又代車之妙也後狼筅纖上盾牌屏前三軍隨之進易退速輕便莫比則又善于車之用也

艦　張時徹云吳越之人以舟楫代輿馬子胥云大翼當陸軍之重車小翼當輕車突冒者當衝車樓船者當行樓車走舸者當輕步驃騎漢武穿昆明池以習水戰而水戰用艦艦之大者有樓船建樓三層列

女牆幡幟拋車擂石鐵汁狀如城壘遇暴風則人力不能勝不便然水軍不可不設以為形勢安營寨也堅者則有艨衝以牛皮蒙船穿棹孔矛穴敵不能近矢石不能敗此利于衝突也戰則有鬬艦設女牆三尺列戰器無覆背樹旗幟金鼓以進鬬行則有走舸立女牆多棹夫戰卒皆選勇力往返如飛列金鼓乘人之所不及亦可以戰此固鬬艦之變巡遊則有遊舷無女牆四尺一槳往來捷疾以為軍中號令巡哨非戰也此又走舸之變海鶻頭低尾高前大后小如鶻之狀左右置浮板如鶻翼以助船兩傍雖風濤漲

天可免傾倒張生牛皮如常法大小盡制戰守並宜
此又樓船艨衝之變王鎮惡進長安蒙衝內棹逆渭
如神虞允文于金山車船踏動迴環如飛陳友諒攻
太平巨舟城齊艨尾至堞然破之者有碍法楊么車
船飛行水面岳飛浮草木上流以碍其輪有撞法楊
么又旁置撞竿撞壞官舟岳飛乃置大筏張革舉大
木以撞之有打法杜弢作桔槔以打官船周訪作長
岐棖拒之有犁法舟小者可犁而沉倭舟甚小俞大
猷用大舟犁之有蹋法舟大者非風不動韓世忠扼
江口海舟巨大兀朮用小舟穴槳飛行而過蠻子海

牙樓船高大不利進退廖永安以小舟與戰往來如飛破之有鈎強法公輸子爲楚作鈎強以禦越退則鈎之進則強之有鑿法孱鑿舟以覆二斟論語曰盪亦鑿盪而沉非陸地行舟之說也高仁厚鑿韓秀升舟沉之有鑽法仇俊卿募能善沒者遇倭船則以水鑽溺之有斷紲繩法黃祖以大紲繫石爲矴千人乘射董襲乘大船突入以刀斷紲而蒙衝漂流吳人乘風追急趙子龍以劉箭斷其帆遂落下風有燒法曹艦首尾相接黃蓋用荻焚之張世傑方碇貫索阿朮以火矢射之金人帆篷緉纈李寶以火箭乘之陳友

諒樓櫓如山常遇春置葦燃之如張世傑懲焦山之敗海中周起樓堞艦堞皆塗鹽泥火之不焰此則善于防者有據上流衝突法司馬子魚曰我得上流何所不克陳賓應水陸爲柵張昭達據上流伐木帶枝爲筏施柏乘大雨水漲衝之歐陽紇柵淮口聚竹籠石置木柵外以遏艦張昭達令人潛行水中斫竹籠皆解因縱艦突之有膠液法昭王南巡漢濱人以膠膠舟至中流膠液王及祭公皆溺死有薄裂法胡宗憲討陳東葉麻以薄板淺釘之舟委之遇巨浪輒裂有抽板法王姓以活板舟數十艘使水鬼暗從底下

搜送敵所敵疑神助乘至中流板抽而沒有取敵之
舟者石勒自汝石津襲向氷船以濟枋頭有祛敵之
舟者倭登岸焚刼李遂戒沿海毋得泊船劉江見倭
登岸陰使人沉匿其舟有縱敵以舟者胡宗憲放舟
委海溢數處使倭分散逃遁而以遊兵邀之或委朧
破之舟使之中流漂溺有乘用舟以遁者倭于大嵩
被圍乃以檣桅懸燈置沙篙上達曙不移而舟已乘
潮退矣王直攻直隸爲宗憲所迫破釜沉舟云無去
志而實藏舟他所以圖遁計宗憲逆而邀之如呂蒙
以白衣搖櫓孔明乘霧幔舟張弘範幕兵舟尾皆因

艦施計使人不覺陶侃取運船爲戰艦苟晞曰舟楫不固齊桓責楚張世傑步將提舟師則敗則用舟與用人皆必得其善也湯克寬于馬蹟潭擣倭舉砲驚蟄龍舟皆沉溺此雖意外之事然亦當愼者

兵跡卷三

甯都魏　禧凝叔編輯

將獸編

馳馬　夫馬止騎乘而已而名將用之則皆詐就其性情悉之劉錡于暑月度敵馬渴毒潁水草金馬悉斃從其飲也于謙度虜將至通州必資草廠料乃使人燒之所遺者悉漬毒藥從其食也畢再遇與敵持久俟其馬飢乃以香料煮豆佈地詐敗誘及馬聞香就食驅策不動因以擒敵從其嗅也有以熟馬縱野誘敵奪乘臨陣使馬牧喙之馬聞聲歸陣負敵就擒

從其聽也杜預曰夜行馬不相見則鳴班列晉邢伯曰有班馬之聲齊師其遁乎從其鳴也于謹被圍使人分馳所乘紫騮二馬誘敵分追已從中脫從其色也齊桓以駝蹋沙而得泝李文忠因馬跑而得泉秦人因馬馳而成邑從其識也就其身體悉之史慈明馬浴于河李光弼擇乳馬置隔岸而遠其駒乳馬嘶鳴不已敵馬悉渡青海有小山吐谷渾冬月置牝于上則皆生駒大宛有高山多佳馬取五色馬母置其下則生駒多汗血則牝可計齊桓伐山戎迷歸管子曰老馬識道悉置老馬于前賀若弼欲取陳而恐其

覺所陳皆老馬則老可計冒頓誘漢高所出皆羸馬則羸可計李維楨曰秋高馬肥虜出宜防則肥可計魏珪追慕容寶謹束馬口吳人伐晉秣馬繫舌使之不鳴有以强馬疾馳幾負入敵轡馭不回乃以兩袖蔽其目虜掠中國之馬勞堪曰中國馬開鼻不能入雪嚙草根遇冬則死雖掠無益則馬之口舌皆計也荀偃伐秦曰瞻余馬首王胡擊馬咸以十騎縛戟馬首使前不得轉諸軍隨後伯宗絶宋曰難及馬腹李敬業臘山被焚剖馬腹而藏吳漢伐蜀墮水緣馬尾而上楊璇揚灰布爇馬尾侯景破慕容紹宗下斫馬

足韓世忠破拐子馬用滚牌斫馬足李顯忠猝遇敵馬取其善者餘悉折其足倭奬武尙文伏兩刀雙斫馬足則是馬之首腹尾足皆討也涓人買骨千里馬至秦穆賜食馬肉者酒戰獲晉君徐敏劉岳兀朮糧絶食馬肉韃靼逾沙漠無水渴飲馬乳耿恭絶水窄馬糞飲汁渾瑊焚雲粱聚馬矢益薪察罕襲靈壁聚馬矢致煙晉明却追兵賂老婦搧冷馬糞成祖躡虜尋及馬糞則知虜在馬防曰匈奴候騎見馬矢有粟卽報漢兵之出則是馬之骨肉乳血糞汁皆可討也就其用物悉之韓世忠陽退守江而陰進大儀曰覘

吾鞭所向阿骨打渡混同曰視吾鞭所指而行晉明避王敦遺七寶鞭委追騎傳玩而脫王澄防王敦害之以二十人執鐵鞭爲衞臨南欲殺楊越則故墮鞭使拾從後射之郭循刺費禕鞭藏小刄段千人曰騾雖艮疾難致千里長于牽縋薛仁貴置空營餓馬懸鈴搖鳴不已安都劾里卸鞍而戰望苴蠻不鞍而騎李廣遇匈奴大至下馬解鞍疑敵引去馬趁追操許褚擧鞍蔽矢石右手刺船則是鞭縋鈴鞍皆計也注産艮馬往來水側善取者乃爲土人執鐵勒侯之久之馬與土人相習乃自代之貫勒而歸鮮虞食馬枕

轡不憂崔慶而謀自集宋太祖繁纓飾馬以自表著
使人望而畏焉晉公子偃犯宋以皐皮蒙馬胥臣濆
陳蔡以虎皮蒙馬則勒轡纓蒙皆計也高歡禁軍士
犯麥過輒使軍士下馬步牽王越夜脫虜使人牽馬
次第而行俾不嘶鳴賀若敦棰馬畏舟向舟則痛策
乘以拔敵馬見舟堅持不上誘敵登岸而伏發兀朮
三騎貫韋垂鎧連鎖慕容恪擇鮮卑勇而無剛者以
鐵鎖連其馬爲方陣而破冉閔吳玠唐太宗聞竇建
德欲伺唐牧馬河北而襲武牢即留馬千餘牧河渚
以疑之而還迎敗金金退河東不敢逾河飲馬石勒

將郭敬詐稱大軍至使人浴馬于津週而復始晉周撫遂棄襄陽走則牽策貫鎖牧飲浴皆計也冒頓圍漢高所騎各依四方之色李嗣源見梁以赤白馬殄兩陣旗幟鎧仗如之謂曰有其表耳犯白馬則在力不在色也匈奴激漢則縛馬足置塞下曰我乞若馬魏侯淵獲韓樓五千人悉還其馬使歸隨以兵叩其城敵疑爲應而走則乞馬與還馬皆計也有以敵箭左及則下馬右蔽兀朮金山墜馬躍上復走則下馬與上馬皆計也虞卿說魏通楚魏曰馬力難勝千鈞言非其任也季子謂將公孫衍而聽計田需服牛參

驥不能百步言不相善也封衡止翟斌勿邀燕爵曰
馬能千里不免羈絆明不可爲人禦也魏攻邯鄲季
梁止之曰之楚而北其面馬良愈違矣言用非其道
也高歡剪惡馬不加羈絆曰御惡人如是此御人如
御馬也封奕單馬說逢約戒勇方張安見其氣稍降
則哭前持其馬挾之而歸此制人須制馬也趙盾秣
馬蓐食潛師夜起齊侯不介馬而馳光武慕容沖初
起以牛代馬孔明木牛流馬女直有狗車木馬唐賽
兒剪紙爲人馬皆奇機異狀未嘗不從馬生也郎以
馬而論之慕容廆欲棄棘城豬白不肯出尋敗石虎

吐谷渾欲止勿遷馬不肯回開國千里則知興劉興
居反馬悲鳴不進卒至自殺苻堅欲寇晉廐馬驚逸
軍敗不歸則知敗孫堅討董卓創仆草中馬還營鳴
呼軍人隨而得之苻堅爲沖所敗墮澗莫出馬垂韁
不及跽而授之則知救主王楨爲石和倘所殺馬三
百里歸悲鳴毛鬣盡赤嚙死陷楨之同知王則知報
仇李克用被王鎔所襲匿于林中祝馬勿嘶而免難
掩雷伏冀林四日馬不嘶鳴而敵出則馬亦善藏阿
骨打之馬浮渡混同石越寇晉五千騎浮渡漢水伯
顏之馬能浮渡大江昭烈馬躍檀溪孫權馬躍合肥

斷橋晉平公駮馬可以伏虎青驄汗血可以千里則
馬各有能也然馬不可令飢司馬相如通西域每記
水草善處故漢馬出塞未嘗乏絕漢明欲征匈奴竇
固曰塞外草美馬不須穀我明畜馬預立牧養草場
之地故計之者刁雍曰蠕蠕草盡馬飢必走王君毚
諜燒塞外草盡絕劉仁恭每秋後輒燒野草契丹馬
飢聽約束甚謹馬亦不利于險李成以騎反列山林
而敗高閭謂騎利于平冉閔步卒入林則難制須引
使出而計之者李允則隙地種榆呂蒙柴斷險道朱
遵絆馬埋輪故曹仁遇柴棄馬步走馮異鄧禹為赤

眉所敗棄馬而走馬不利泥李全失田而陷蔡敵元
入泥不拔馬不利寒勞甚云虜馬冬無積草遇雪壞
嚙草根瘠甚僅活凡掠中國之馬盡死閒鼻不能入
雪嚙草根也馬不利暑晏子曰大暑疾馳甚者死薄
者傷馬不利食穀足重難行馬不可乘異慶鄭曰乘
異以從戎恐及懼而變馬亦有所畏見象則走見虎
豹則股栗故南蠻嘗以此取勝亦不宜乘冝先行漢
文曰無庸獨先宇文邕曰獨先安之苻堅討止汗血
嵇紹扈輿却佳成祖馬先失利不可不鑒也然苻融
馬倒被殺胡琛馬蹶被執劉漢墮馬傷膝冉閔朱寵

斃而就擒乘不可不良也韃靼人必數馬疲則易之劉聰失馬李景年以己馬授之劉曜失馬傳虎以乘馬與之幾不能免又不可不多也曹瑋選馬馬必勝甲兵安祿山陰選勝甲馬于范陽求其善也曹瑋立馬社或有賜予功賞則皆相助次第置馬虞謝罷諸郡兵令各出錢數千二十人共置一馬石虎欲攻慕容皝令民馬敢匿者腰斬奚斤破赫連昌馬少令于安頡處斂騎黃覇發騎詰北軍馬不適士士多馬少爰是坐貶臧宮討公孫述矯制取謁者馬七百以自益張循聽老卒往外國貿易以美女易駿馬勞堪曰

虜近塞畜牧夜無關視邊將令人盜之以歸求其多也漢武得宛馬數十匹而侯李廣利則失棄盛以餘粟易戰馬千八百匹而優遷則善矣然遡考其法虞以畜馬之責委之伯益周以芻秣之式掌之六官而其屬則有校人掌王六馬有庾人掌十二閑趣馬齊其力巫馬治其疾馬質平其價牧師掌其地圉師掌其教圉人掌其役漢初民出算賦以修車馬于內地勸民養馬有一匹者服卒三人武帝行自封君而下至三百石吏以次出馬又循馬復令因養馬免徭賦又令民得從官假馬母而歸其息十一匿馬者有罪

列侯犯者腰斬內郡不足則藉民馬以補車騎邊郡不足則發酒泉騾駝以負糧食唐初令太僕葺其政玄宗以空名告身易馬于六胡肅宗收兵乃詔百僚以后乘助軍代宗括民馬爲團練憲宗又以絹市馬宋太宗以京馬分牧于諸州真宗又置騏驥院王安石行保馬市之夷狄或易以布帛或易以銅茶南渡後置監于餘杭之南塲我明內地民牧以給京師外地官牧以給邊方又于四川陝西立茶馬司以茶易蕃馬此歷朝之馬政無過于官養民牧括之易之市之數法司牧者可不審其善歟

騎　桓範曰騎士爲軍鋒銳蔡邕云幽州突騎爲國
聽核趙充國善騎韓嫣善騎曹真將虎騎曹休領豹
騎公孫瓚常與數十人乘白馬爲翼鹵薄圖有幽州
突騎豫州蕩騎各五千傳咸鄭翊分三駕騎利平地
李成反列山林則敗高開將騎引冉閔出林而勝則
以騎擊步奚斤攻赫連昌曰以步擊騎終無捷理募
勇士欲騎破之則以騎擊騎李廣子敢率數十騎直
貫胡騎則以少騎擊多騎虞詡曰虜騎風雨來去勢
莫能及乃罷諸郡兵市馬以萬騎之衆逐數千之虜
自得矣則以多騎擊少騎選騎士有法太公曰年四

十以上七尺五寸以上壯捷者為騎士居騎士有法
趙武靈王破康陽使騎士居之曰騎邑而厚待之騎
士為奇出奇為騎

牛　李矩令所在牛畜散野誘勒軍爭取而發伏石
勒先驅牛畜入城塞王浚街巷使伏不得發李牧縱
牛畜滿野誘敵大至而後擊曹瑋故掠牛畜緩行誘
虜遠追而后乘布習兒創甚金詢剖牛腹納之而甦
秦師襲鄭弦高矯君命以牛犒秦師孟明以其有備
而還皆從牛運計者也漢光武初起無馬騎牛慕容
沖使婦女男服乘牛為馬揭竿揚土田單爲火牛灌

脂于尾束刄于角爇尾衝營則以牛戰邵青效之王德戒合軍持滿萬弩齊發牛皆返奔則又戰牛之法也

象　身毒國騎象以戰大宛國馬象間列象固猛物也馬見而畏固多勝楚昭王使燒燧象尾以奔吳師則又益之以猛矣南方多象故多象戰然破之者亦有數法宗慤爲假獅蒙人于內破王陽邁象陣于林邑朱能以畫獅蒙馬破象軍于安南矣而劉方變之多掘小坑蓋土覆草象蹈而躄再破梵志于林邑張輔征交趾戒先驅持滿一矢落其象奴再矢披其象

鼻使象返奔再定安南陳信征蠻藏身石筝揮劍截首象之鼻一象奔而羣象俱奔而服麻陽矣戴壽以巨象載甲士前列傅友德勒强弓弩夾火器衝之而破成都思倫發擁百象皆被甲負戰樓四週若欄楯大竹爲筒于兩旁筒置短槍十餘以標我軍沐英分甯正湯昭爲三隊以神機槍弩夾攻而緬甸服矣凡此皆破象法也而其奇者鼠能巢象之耳象畏之見地有小竅則疑爲鼠穴而却走見豬豚則疑爲大鼠輒以足踏之不敢暫移臨陣用之亦一制勝法也

獅　獅爲百獸王回回諸國產之勇猛莫可禦從無

以獅戰者然宗慤破王陽邁象陣則爲假獅朱能破安南象軍則以畫獅以僞破真亦一奇法今畫獅于牌效其意也

虎　黃帝教熊羆貔貅貙虎六獸之能戰者以助戰陣巨無霸驅虎豹犀象以助威武而有虎戰而朱亥一叱虎却不敢動高奔戎能獲活虎務令其全曹彰手拽豹尾繞臂虎弭無聲漢光武令中外合擊呼聲動地虎豹股栗則亦可破也而亦有所疑苟聞人聲則靜聽不出緣山過林聲頻可免也而亦有所畏駮能食虎駮馬似之晉平公乘駮馬出獵乳虎見之伏

不敢動以其似也至魯公子偃犯宋皮蒙馬而潰宋胥臣以虎皮蒙馬而陳蔡奔則以馬假虎鄧邁毛萇等各蒙以獸皮奮矛銜冲軍而苻堅脫李牟入居庸容天成蒙黑虎皮東躍西撞而唐通擒則以人假虎而取勝亦奇著也

犬　晉靈公欲殺趙盾嗾夫獒焉盾曰棄人用犬雖猛何爲提彌明搏而殺之遂鬭出則犬能殺人呂不韋曰鄭子陽之難猘犬潰之齊高國之難大牛潰之衆因之殺子陽高國狗犬猶可爲人倡而況以人爲倡乎則犬能潰人女直有狗車其形如船于冰上遞

運以數十狗拽之則狗能運糧狠兵善用標人畜數犬標發墮地者犬啣以還故屢用不絕則犬能啣標哥而西加島產獒能戰一獒當一騎騎戰以獒爾縫則犬能戰惟鄭戎以狗皮蒙身盜取白狐裘以脫田文則又以人為犬矣

雞　劉琨雞鳴起舞用恢中原田文令謝寇作雞鳴用脫秦關江逌連雞數百以長繩繫火于足羣雞駭散以燒姚萇之營雞何能戰是在用之者

鴿　曲端用百鴿為號令鴿之所起師卽從之夏人用哨鴿以發伏為盒盛鴿置于要塗任福師至啟而

視之鴿飛伏起遂敗任福

烏鵲　楚王戊反烏與烏鬬于楚燕王旦謀亂烏與鵲鬬于燕晉安王子勛僭號鳩集于輦鵶集于幰秃鶖集其城王子殺爲司徒鴻集其帳尋皆敗則烏得先機者也又陳將亡蔣山有衆烏鼓翼而鳴曰奈何帝董昌據浙有籥鳥忽作人語曰越皇帝則烏能言陳將亡又有一足烏集于殿庭以嘴畫地曰獨足上高臺盛草變成灰後叔寶被隋滅而館于臺皆應之則烏能書此固烏之異者也但即以人事徵之師曠告晉侯曰烏烏之聲樂齊師其遁叔向告晉侯曰城

上有烏齊師其遁則以烏占去來公冶長識烏音曰
齊人出師侵我疆急往禦之勿徬徨魯人出而齊果
至則因烏知敵戚繼光採敵地烏鵲為火其足縱燒
敵營及兵局草積如郅君章投鴉鵲以破巨無霸金
人為紙鳶以飛檄則又異乎其法矣
獸　越胥犴令人各帶一畜獸殺入場中盡拋于地
以誘吳取乘亂返擊則以獸餌人吳專毅曰此誘我
也斬收禽獸之卒盡力逐之越遂敗則又禁取獸者
皆善法也陳涉夜于大澤中使人作狐鳴曰大楚興
陳涉王于是楚人尊之則假獸以興王晉武長慶二

年有自吐蕃至者言隴上有異獸如猴腰尾稍長青色迅猛見蕃人卽捕而食遇漢人則否獸亦惡蕃已哉

馭　能得士者強能用士者勝而得士則一在于善求田蚡立曲旃招士燕昭王千金懸臺待天下士余玠榜府求謀令所在資遣李抱真小善千里厚幣邀致則是如項羽質母挾王陵樂毅以不就而見戮吳楚舉大事而不知求劇孟桓溫識王猛而不能力致則非矣一在于恭禮秦昭求教范雎劉琦問計孔明長跽以請燕丹見田光跪而逢迎却行爲道丹求荆

軻滌行傭伏躬捧金丸魏無忌見侯嬴則虛左騎自迎我太祖師秦從龍有所咨訪則親就其室頓弱義不參拜始皇許之酈食其長揖不拜漢高輟洗王猛捫虱而談桓溫嘆賞王斗不前好勢而使齊宣趨之則是如顏斶呼王以前而宣不說則非矣一在于奉侍我太祖興吳創禮賢館思文帝興閩創儲賢館吳玠守蜀創招賢館得冉進兄弟別築盛館漢平津侯營館居客分別次第其有材堪九列將軍二千石者居翹材館漢高奉黥布第宅供御一如王者漢武爲霍去病治第辭曰匈奴未滅何以家爲則皆是如王

翦請美田宅以自堅秦王曰第行無慮蕭何請隙地
爲園宅漢高怒而不予則交非矣一在于隆典漢高
爲韓信築壇唐德拜渾瑊入谷口築壇張浚承制拜
曲端築壇則是如漢王驕蹇無禮拜大將如呼小兒
則非矣一在于尊事趙奢禮下布衣百數隗囂傾蓋
與士爲布衣交唐肅宗待李泌以賓禮燕昭事郭隗
以師禮則是如趙括東向而朝軍吏莫敢仰視則非
矣一在于尊名石勒呼張賓爲右侯而不名我太祖
稱劉基宋濂葉琛章溢爲四先生而不名文王尊太
公爲尙父齊桓尊管仲爲仲父則是如齊襄呼平安

君爲單來項羽雖稱范增爲亞父而名尊謀廢疽發背死則非矣一在于聽薦或聽人薦蕭何薦韓信循憲薦張嘉賓常何薦馬周因薦得人并賞舉主如陳平受封推功魏無知穆壽以祖父效忠功由梁春魏主賞其后裔則是或聽己薦趙奢自請爲上谷守百日舉燕毛遂自薦處囊中趙楚縱成謝安薦謝玄內舉不避親亦是如衛侯以二卵而棄干城之將漢王疑陳平盜嫂偷金而讓魏無知公叔座薦魏惠用鞅又曰不則殺鞅蕭何始則薦信繼則設計殺信則非矣一在于善選歐陽修曰節軍選將皆由練成唐詔

曰文吏武選擇其修壯李勣曰奇龐福艾可共功名劉定之曰販繒屠狗漢賴以興被褐捫虱秦賴以伯可世選石亨楊洪是也不可世選趙括王離是也選將固不以一槩論則是如孫權使嚴峻書生不能經武王導使羊鑒材非將帥中山君傾蓋閭巷十數禮下布衣百數魏侯謂其賢不可伐李疵曰顯巖穴則戰士怠而弱下士登朝則農夫惰而貧伐則易克唐代宗召見郇模賜新衣館于客館未嘗有所施行魏無知曰今楚漢相距徒有尾生孝己之行而無益于勝負奚暇用之能禮士而不擇英雄之士則非矣至

于用一在因其材子思言苟變可將五百乘爾朱榮
言爾朱兆止可統三千騎以還蕭賈論子玉將過三
百乘不能以入爾朱榮言侯淵多配出奇與七百人
足矣姚興知楊佛嵩勇猛難禦配兵不過五千衆多
必敗漢高止將十萬韓信多多益善故鄧禹任使各
當其材范仲淹使劾子鉤摘將材郭逵令人各言其
才先試後用王韶先悉將材旣遣不問漢武旣得人
付以數萬捐而不問吳玠悉按勞能親貴不撓李晟
記人所長厥養不遺王祖道勅監司第人才爲三等
章楶控扼斬邊詰材于衆將而得郭成漢光武知吳

漢不習水戰曰荆門之事取決于征南岑彭則是如
趙括言大無實不可以將張世傑步將提舟劉師勇
舟師督步則非矣一在納其謀馬援聚米為山谷指
畫情形冉進畫地作城池合州見徙李德裕作籌邊
樓聚知邊情者謀于其上孟珙令人人言意以已折
衷姚宋每坐二人以咨所疑曰欲知古問高君欲知
今問齊君謝安云咨王導無不得子産與裨諶謀于
野則獲魏舒謀多出衆子慎請用三大夫計一于艮
與地一昭常守地一景鯉求救于秦唐高兩用太宗
計留諸將圖河東自引兵西昭烈用龐統中計入蜀

取勝則是如孔明不聽魏延取長安之謀唐太宗不
用李道宗襲平壤之策項羽不聽亞父殺漢高漢興、
而項敗姚興不聽姚邕殺勃勃勃勃王而姚困呂后刼
蕭何而問殺信之計曹操挾徐庶致終身不設一謀
則非矣一在納其諫太宗聽諫非猶存之曹操雖勝
仍賞諫者則是如田豐言中見殺魯徽諫合受刑則
非矣一在任之一元以史弘肇兼統蒙古曰分任無
成常遇春擅殺我太祖曰吾未一將故吳用子胥以、
三帥隸之李牧守雁門吏得自置李德裕以一相控
制河北三鎮王忠嗣以一將杖四節印則是九鎮並

參相州告潰不獲專斷周處成擒魏兩用犀首張儀而西河之外亡梁哀將公孫衍而令聽計于相田需則非矣一在任之專淮南子曰國不可從外理軍不可從中制唐太宗不必啟請漢光武不拘逗遛甚至羽父先期司馬懿李文忠不待詔命劉裕桓溫拜表輒行陳湯馮奉世矯詔滅國李典李繼隆遺詔行計宋均令呂仲矯制以降五溪蠻臧宮討公孫述矯制取謁者馬陶侃擊陳取運船爲戰艦劉尋違命不出曰主上深宮未知兵法曹彰討夏侯恩曰人臣出境有可安社稷專之可也辛昂奉使梁益募兵討平萬

榮曰苟利社稷專之可也則是如隋攻高麗將陷因敵請而守備復堅慕容熙攻遼東不許將士先登反致覆敗則非矣一在任之久馬援黃忠老而益壯班超任西域壯年以出皓首而歸我太祖軍以世襲宋太祖邊臣可委者十餘年不易則是如李牧受代匈奴輒入騎劫入軍田單計行宋太祖早釋兵權北朝因以無將一西夏而不能取則非一在不計敗齊用三北之管仲一匡九合魯用三敗之曹沫悉反侵地秦用三敗之孟明取王官及郊晉蒐吉射以三折爲良語云使功不如使過王守仁云惟欲責以大成小

戰失利舉置不問則是如李左車曰敗軍之將不可語勇魏加以臨武君嘗爲秦敗曰傷鳥驚弦不可與秦則非矣一在不聽讒蘇秦受惡燕昭按劍樂羊被譖魏文投璧或間甘茂秦王愈益以兵謗書盈篋宋太祖封付楊業九幸搆田單齊襄殺幸而益封萬戶苻堅殺樊世而後王猛得展其才馬從謙云不聽舞文弄墨而後邊臣得展其用則是如廉頗見詆長平是坑樂毅既亡齊城悲失則非矣而用之法一在予名爵常遇春遇敵稱王弼夙勇王猛臨戰許鄧羌司隸馬隆討羌先悉顯爵議者不以塞后唐肅宗空名

誥勅一牒致王漢高不愛王爵分地以付韓彭不惜四侯以予趙豎晉元檄有能梟石虎首者封縣侯賊能同例慕容鍾檄有能斬送辟閭渾者賞同佐命光武說張步能斬黨首則封侯金、淵請生擒王直者封伯鄧艾承制拜假以安初附慕容農承制封拜以來奇士鄧禹承制拜李艾爲河東守來歙承制拜高峻爲通路將軍臨時刻印與漢高咬牙封雍齒爲侯則是如韓信請假王鎮齊漢高怒而僞許項羽予有功當封印刓弊不忍予則非矣如宋太祖邊將位不過巡檢曰位不極則士勵亦是如更始竈下養中郎將

爛羊頭關內侯則尤非矣一在賜子女种世衡以美
姬賂慕恩王越出愛妹賞詞諜則是如徐海與葉麻
爭一女子相執縛則非矣一在賜金帛曹操賞不吝
千金漢武賞不踰時魏珪以赫連昌宮人生口珍物
布帛頒將士李牧居雁門軍市之租皆得爲賞宋太
祖筦榷之利悉歸邊將漢高知陳平貪財以黃金四
萬斤與平縱反間恣其所爲不問出入漢武不愛天
下之食邑府藏以待有功則是趙秋曰軍無賞士不
往姚恢廣平有功未有殊賞受國可憂孫蓋推鋒陷
陣慕容評抑賞不行則非矣一在于推食如趙奢奉

食田文三列于夏侯章則兼百人之食漢高待韓信日以食食我宇文邕每宴戰士必親執杯慕容德親賞戰士魏尙五日一宴賓客王晉溪每食輒散從士則是如中山君宋華元殺羊違御霍去病肉餘士飢楚子反已粒士菽司馬騰積米如山吝不忍予慕容評鄗圍山泉令軍士入絹贖水則非矣一在于解衣宋太祖念西征將士寒盛賜王全斌貂冒我太祖賞吳浚大紅蟒袍宋徽宗賜郭藥師珠袍韓昭侯藏弊褲以待有功則是如司馬懿有乞穛不予托言人臣無私賞則非矣一在于分惠趙奢得賞賜盡予軍吏

郭藥師剪金盆分賜將士則是如趙括得賞賜歸買
田宅則非矣一在于推功溫嶠以未有功不先拜官
王彥錄功不及子弟李勣狄青有功則推下賈思伯
殿后不伐其功劉弘俞大猷功則稱人過則歸己馮
異當功受賞則避大樹下魏公叔座破韓見賞則走
曰巴寗爨襄二人之力則是如王渾奪功王濬爭訟
王子與縣尹質獲伯州犁上下其手則非矣一在于
顛倒以御漢高祖踞洗嫚罵以辱黥布漢光武岸幘
迎笑以見馬援謝尙幅巾去衞以待姚襄韓世忠宴
裝婦人以恥畏懦我太祖命儒臣作詩文以美吳良

則是如公孫述盛陳陛戟乃見故交謝萬詩文自傲
以麈尾揮將士則非矣一在不可輕棄張儀去梁能
令齊伐能令梁安管仲所居國重苻堅曰季梁在隋
楚人憚之宮之奇在虞晉不窺兵衞有南文子智伯
反兵突厥問將爲史萬歲達頭引去周亞夫得劇孟
曰若一敵國光武見吳漢曰譩若一敵國慕容許曰
平青州不以爲喜喜得封孚唐太宗曰得高麗不足
以爲喜喜得薛仁貴魏無忌死士數百孟嘗君門客
三千雞鳴狗盜皆與焉穆王聚七萃之士戰聚智力
爲王爪牙也則是如惟楚有材惟晉用之項王剛愎

越信歸漢則非矣如唐德宗罷楊炎以悅李希烈宋
高宗罷李綱以悅金人爲敵而棄爲尤非矣一在不
可輕殺李林甫在祿山不敢爲亂周訪終身王敦不
敢爲非張儀曰蘇君在儀何敢故韓信當殺滕王救
之李靖當殺唐太宗救之郭子儀當殺李白救之岳
飛當殺宗澤救之李勣願以官爵贖單雄信唐太宗
願以百口保李靖則是李大亮爲李密所擒張弼勸
釋匿而不言大亮遇之舉爵以讓則救者報者皆是
如齊殺斛律光周主大赦境內武則天殺程務挺突
厥飲宴相慶楚殺得臣而晉文公喜元昊殺天都野

利而夏衰李克用殺李存信薛阿壇而克用弱李密殺翟讓而人不敢以兵委石勒見材侔于己者因獵戲殺之甚衆安祿山見材過其子者悉以事誅之南唐信宋太祖間而殺仁肇陳友諒以我太祖謀而殺趙普勝自殺與因間而殺則非矣如燕殺公子丹以謝秦人漢殺晁錯以謝七國爲敵而殺爲尤非矣一在能調和法曰師克以和陳平交歡周勃故能制呂安劉藺相如不與廉頗相爭故秦人不敢加兵呂蒙不以私怒怒甘寧故能戰勝李典不以私憾憾張遼故能破權曹景宗協和韋叡故能大破魏師于鍾離

賈復恨寇恂光武曰天下未定兩虎安得相鬬卒令
交歡馬燧聞李晟一言卽能結歡于李抱貞而爲百
世之師胡宗憲覘浙亦能厚餽結歡嚴嵩故能展其
除倭之畧則是卽如秦虜四國合攻君六十人出使
解之秦聞天下之士聚趙應侯使唐睢載五千金散
之令天下之士皆相爭鬬尤是如王渾疑王濬陳武
備而後見郤至云楚有六間子重子反二卿相惡卽
其一也史弘肇與蘇逢吉等異議將相相隙如水火
或說兀术曰未有權臣居內而大將得成功于外者
宏淵按兵沮撓李顯忠引還遂有符離之潰則非矣

一在處之得所楚將子玉晉文側席趙充國至金墉羌人相戒勿反鄧訓爲烏桓太守鮮卑不敢近塞李膺爲渡遼將軍羌虜望風而懼毛遂處于囊中則脫穎而出龐士元才非百里當處以治中別駕則是如慕容超曰鍾宗臣段宏懿戚出藩處外五樓羈旅任心腹則非矣一在用仇敵管仲射鉤齊桓用以一匡勃鞮斬袪晉文因之而伯韓信獲廣武東向而事李愬擒丁士良署爲捉生將孫策執太史慈咨進取之策則是如漢索季布之急秦下逐客之令則非矣一在用夷寇秦用戎人由余而盛齊用越人蒙而強唐

太宗用河史那社爾而得天下晉文公用中山盜勝于城濮羊祜肴鄧香而降諸寇虞詡募刼盜而制盜張岳諸人皆用寇以成勁師則是如魏處夷狄于內地

招寇盜以自戕則非矣一在用叛降孔明能禁魏延之反司馬師足制鍾會之叛費禕不畏魏楊之爲后患姚弋仲能用再叛之馬何羅孔明能用七擒之孟獲則是如肅宗納史思明以鼓禍梁武納侯景以滅國費禕信黃權以自殞則非矣總之善得人者人咸感之如賀拔勝懷梁主恩見鳥獸南向者皆不忍射沈希儀余闕病士有顲天穿喉願以身代

者慧龍死呂元伯守墓終身不去則是如安祿山沐唐明厚恩而卒叛亂慕容沖受苻堅匿愛反相攻擊離班桃仁受寵懷怨遂弒其君高寶則恩必視人而施乃爲有益用人者不可不講也

率　馭將有法率兵亦有法有用多齊桓募士五萬晉文召前行四萬餘秦竇陷陣三萬王翦伐楚必六十萬韓信多多益善是有用少尹繼倫以千兵破契丹虞允文以數千勝金山謝玄以五千破苻堅吉星以三千破百萬陶魯之兵三百侯淵止須七百岳飛襲滑河無過百餘騎唐太宗破竇建德無過數十騎

李光弼曰以少克衆無如馬璘將軍者是有選法魏選武卒衣三屬甲操十二石弩負矢置戈冠冑帶劍贏糧三日而趨百里陶魯選身能躍溝射二百步者是有募法馬隆募引弩三十六鈞弓四鈞者三千五百戚繼光募兵選其粗黑面皙奸滑者不用慕容寶出珍寶宮人募士劉伯溫傾府庫開誠募士齊簡伐魯魯募百金死士斫齊營有若與焉王守仁募死士爲捨命王祿贍其家是有教法陶魯閉營習士魏勝預習解脫法巫臣教吳車戰而楚疲李悝教上地射李抱真教澤潞射皆成精兵是有養法安祿山養八

千壯士爲曳落河魏尙出私錢養士爲後樓子弟我
太祖張士誠見有材力迴異者則養爲已子馬勇梁
震王劾俱養死士數百結以恩義飽其嗜慾有事則
出死力是有籍法韓信驅市人而戰慕容農驅列人
居民爲兵宣王衰師料民于太原苻堅伐晉十丁遣
一慕容儁將寇晉戶留一丁餘悉爲兵劉聰令三五
發兵凡籍民者天下騷動民皆畏避爲寇故唐高祖
假稱隋煬籍民東征激使同叛是有以利誘度尙密
焚士卒珍寶曰破敵則富李文忠焚兵所擄曰敵積
可資敵器精盛周德威曰努力則爲我有是有以神

倡耶威使巫謬言神助田單使卒妄稱神師狄青卜錢悉用陽面是有以言勵亞老哥國精于語言大將誓師不過數言士卒皆感泣毀頰指高平曰此去家數千里有進無退王鎮惡至長安曰此去家萬里外進生退死沈田子遇姚泓大師曰封侯之賞在此一舉戚景通指疆場積屍曰偉哉國士名與骨俱馨是有以怯激慕容紹宗討侯景不使軍士渡河曰未若此敵之難克李牧遇匈奴至卽入收保匈奴以爲怯將士亦以爲吾將軍怯願得一戰是有以身先東坡云三軍之士屬目于一人之先發蘇定方先登陷陣

崔延伯鄧雲身先士卒是有以法勑左軍小卻沐英
取帥首而復奮小校自休种師道立斬之而衆前是
不私公賞劉顯忠不先受賞祭遵有賜則分李廣賞
分戲下竇嬰分鼎裁金孫禮盡分賞賜無自入者是
不吝賜予軍無財士不來勾踐能鼓民水火賞在水
火也沈希儀賞不失頃刻王越揮財如流水魏尚軍
市之租盡給士卒張守珪財豐賞重故人盡其誠士
致其命雖敵牀笫私室之言可購而知是不私所獲
李勣有得必散陶侃擄獲不私董卓無者則己有者
則士是不惜己財田穰苴己資悉出甘茂出私財益

公賞是不私衣服董卓得賜縑悉分士卒謝尙得賜帳分士爲褌劉弘給持更之襦宇文邕賜跣行之靴姚萇因天雪散后宮文綺以供戎事是不私飲食田穰苴食同羸弱任迪簡糲飯共食皇甫嵩士必先食闔閭士熟分食乃食勾踐觴酒豆肉必分其廁餔及孺子宣子食靈輒并遺其母倒戟以禦公徒季氏子家饜民多取食爲之徒者衆勾踐注醇下流味不加喙而卒戰自五囊糧分軍士甘不踰噬而戰自十與申叔儀軍士渴睨旨酒曹劌小惠未徧唐莊宗府錢不給與懿公鶴實有祿者異矣或均勞苦吳起身不

乘騎宋太祖負石先行韋叡不先入幕或蹭覿寒暑
楚子寒撫軍士如挾纊拖雷當暑先取大黃與陳友
諒我太祖見士卒流汗即命撤蓋索頭宏當雨甚命
去其蓋是或視疾病吳起吮咀士戰不旋踵穰苴親
瞻病者求去蓋寬士病輒致醫藥是或恤傷痍論功
弔死而后問傷傷痍優于俘斬刀傷優于箭傷重傷
優于輕傷傷在前者迎戰傷在後者避敵唐武宗詔
曰傷居爾體痛在朕躬故宋太祖攻太原不忍衞士
冒鋒鏑慕容恪圍太原不欲急攻殘軍士劉裕碎琥
珀以作金瘡郭登親手傳藥段頴躬爲調治种世衡

專遣一子視醫皇甫規入廬巡視是或恤戰亡姚萇
士卒戰沒皆有褒贈姚泓有死事者贈官爵永復其
後姚興命有死事者所在守宰葬埋求其親爲後唐
太宗勅使贈祭死事官爵回授子弟王霸脫衣爲殮
孫禮爲死設祭縗付亡家岳飛見死事者必哭而育
其孤陽門之介夫死子罕哭之哀而覘者以爲不可
伐是凡此皆恤軍士者也准慕容垂勢足破秦故士
卒雖疲而急進楊志烈志解京圍故士卒多殺而襲
靈州此又審時度勢所爲固不可同年語也然五代
名將皆出于軍老于軍者識亦老故其言亦當審從

如趙奢聽老卒之言北山先據王越拜老卒之說逆風襲虜王全斌各降卒之謀別趙來蘇王宗偘聽軍士王先成條列七事皆成大功則又不當以行伍之士論之也

律　尉繚子曰勝天下者殺士卒之半從來名將未有不法之峻者孟宗政曰有罪者親必罰田穰苴曰臨陣約束則忘其親陸贄曰行罰先貴近而后卑遠則令不犯故孫武斬王二寵姬穰苴戮王使僕右不爲上回法則法無上李光弼閉詔斬侍中崔衆姚輿斬位班三品將軍不因貴議宥則法無貴郭歆以妻

兄私米而殺妻戚繼光斬獨子劉仁贍斬幼子鄧艾
因小却欲斬子忠岳飛以不能貫堅兇斬子雲荀晞
斬從弟曰不以王法貸則法無親孔明揮淚斬馬謖
曰法不可廢漢高含淚斬丁公曰以懲不忠馬璘誅
力卒曰將有愛憎而法不一孟宗政斬愛僕曰新令
不可犯則法無愛余玠斬王夔曰強悍當誅忽斜虎
斬李德曰強悍不可使一日不在紀律則法無強副
帥喪師子反甘刑街亭敗績孔明請貶馬謖參殘操
自割髮則法并無已也擅出有斬卒獲雙首而還吳
起斬之陳曙邀功潰師狄青斬之擅走有斬楊茂言

副使先走高仁厚斬之樊愛何能能戰而逃周世宗
斬之後至有斬莊賈恃嬖遺漏穰苴斬之顛頡後期
晉文斬之後出有斬石勒襲侯脫雞鳴而駕令後出
者斬石勒乘姬澹烏合遠來曰後出者斬王鎮惡抵
長安令軍士食畢具登後登者斬逗遛有斬張用濟
不即付兵李光弼斬之士卒逗遛不進彭越斬之龐
缺有斬姚興祖運不繼斬彌高姐杜成曹操廩粟不
足斬王垕以安軍心亂卒有斬禁卒欲倚儺爲亂向
文簡伏兵即席誅之軍士欲害官吏蘇頌密諭官兵
捕斬首領無功有斬田廣見匈奴不至還下太僕自

殺失守有斬俞伯仲失安慶雖係舊勳我太祖斬之
棄城有斬梁棟之食去城孟珙斬之棄衆有斬子反
臨戰而醉楚兵謂其棄衆不恤斬之違節有斬任福
曰苟違節制有功亦斬也曹操見稍違令者即斬之
傷背有斬杜伏威上募軍傷在背者斬之擅殺有斬
斬冲歸罪卜琳劉聰斬之任延勳誅羌人朝廷坐之
貪取有斬李晟斬取賊妓賊馬者越委會獸餌吳專
毅斬收會獸者劉高祖誅盜紙錢一幕曰吾誅其情
不許其值擾民有斬呂蒙斬取民一笠賀若弼斬入
民問沽酒會大獸斬攫民肉一包岳飛斬取民麻一

東高崇文斬食張折匕李文忠斬下借民釜我太祖斬知印取民財慕容農號令嚴肅軍無私掠魏珪令拓跋儀攻鄴曰軍之所行不得傷民棗栗岳飛軍號凍死不拆屋餓死不擄掠徐達令人各一牌掠民財者死燬民居者死韓愈爲京兆六軍不敢犯法曰是尚欲燒佛骨宋太祖曰苟犯法惟有劍遣戍曰謹守法我赦爾郭進殺爾矣則法固不可赦然有代斬者楊干亂行陣魏絳戮其僕軍士犯法當誅慕容恪斬四以狥有生瘞者崔善貞犯法李錡生瘞之有坐貶者蔡形至小山不見虜而還坐逗遛畏懦免劉曜爲

麴特所破劉聰特貶其爵有髡黜者孫松不法陸遜
髡其職吏太子犯令商鞅黜其師傅有笞杖者張昺
掠氏羌苻堅鞭之而羌降薛元賞杖殺神策軍而仇
士良屈服有贖罪者段會宗擅發戊己校尉有詔許
贖李廣失道後期立功以贖有深責者楊僕內顧失
期武帝責之俞大猷擒王直巢王忬以其不候賊出
全制雖有功深責有自罪者司馬師曰此我之過非
王昶罪也李載自罪一言回鶻貢使不絶不敢犯令
有溫文罪己者杜牧作罪言極其忠義唐德宗奉天
罪己之詔一頒士卒感泣叛藩稽首有借人行法者

曹操借屋頭以解小斛之失馬燧以死囚給役小過卽殺借以威虜李勣征高麗欲與壻杜懷恭偕懷恭亡匿曰是欲以我行法耳有用計行斬者安國寧麾部强悍劉昌裔召其麾下人給二鎌伏兵要巷見持鎌者卽殺之南梁叛兵五千逐帥爲亂以弓劍自衛温造設宴于臨池長廊拖索以挂其弓劍酒酣忽使人拽索弓劍皆躍入水悉誅之故善用法者能于善陣用法其戰自倍如郝廷玉馬璘光弼令取其頭來遂易馬復進小校休床种師道立斬其級而諸軍大奮善用法者能于敗中用法亦可轉敗爲勝如左軍

小却沐英斬其帥長輒獲大勝大軍稍退沐英斬二指揮陣勢復整三軍死生國之存亡不可輕也故王晏球曰有回顧者斬張仁愿曰回望城池者斬楊素令人陷陣無級還者皆斬韓世忠令走者後隊得勦殺陸瑨以前隊逃中隊斬殺狥則同罪非好殺也蓋生之也故光弼入軍壁壘皆變趙德勝發令旗幟改色曹瑋將三千軍士環列寂不聞人馬聲伯顏將二十萬人以攻宋如一人于謙片紙行萬里外靡不惴惴效力李密持軍嚴肅雖值盛夏將士若負霜雪故從來名將未有不法之峻者

寬　亦有用寬者慕容恪私縱犯法斛律光有罪惟
擿郭逵孟珙一以恩意撫接司馬師不罪王𣒇衞青
不斬蘇建徐達不殺胡德濟子反治兵不戮一人程
信討蠻未嘗專戮韓信李靖郭子儀岳飛皆犯法獲
宥寬矣究論之恪亦斬因代狗光逵惟不妄誅珙建
旗鼓則人皆凜然無敢唾泗司馬師亦削弟爵徐達
亦械濟入京子反始終無人敢犯程信特曰刑賞主
柄人臣勿專韓李諸人又緣救而宥非蔑法也假韓
李而死何以創漢唐郭岳既戮誰爲續唐宋曹沫三
敗魯不褫而返侵孟明三敗秦用之而報晉樂毅亡

六城魏猶寵任而拔中山李存信猛勇克用戮之兵勢浸衰王伏寶善戰竇建德殺之每戰不利博牙强兵羅紹威誅之遂受朱温之制檀道濟長城宋人壞之魏兵是以充斥勝敗兵家之常苟利羽自剪大犯軍忌雖然齊兵殺人四人景公令誅兵二人晏子曰是殺師之半王僧辨馭下無法軍士擄掠雖善用法百姓叛附不一由是觀之但須不可妄殺要必寬猛得宜非蔑法也從來名將未有不法之峻者

兵跡卷四

寧都魏　禧凝叔編輯

將能編

陣　陣法生于天淵壁陣發于伏羲師卦畫于軒轅井田著丁風后握奇太公五行三才周公農兵春秋則有鄭莊魚麗楚武荆尸晉鄭崇卒吳侯雞父管仲内政楚莊乘廣獲且握奇營戰國孫子宗握奇而爲象棋諸葛又因象棋握奇而分九別八抹七唐李靖又變爲六花每戰七軍皆用增爲十二奇或五陣裴緒修爲新令每陣加揚奇備伐而八陣旋相爲勝陳

元靚總爲十二將兵法又因地制變雜取物象者子兵經已述之矣此各陣之源流也而武侯推演八陣人稱得其新意劉隅以爲式法太乙李筌以爲勢此比常山而李興以爲不在孫吳列李昭玘云鄭之魚麗鵝鸛魏之鶴列晉之三行楚之二廣二孟皆以逞一己之私而肝腦塗地也又或謂握奇以風后爲鼻祖美善盡于太公武侯有神解李靖得皮毛西漢用之三季莫强焉後之人不用宋人及今摹擬而多失之此又諸陣之等別也鄭之魚麗鵝鸛按古破陣樂舞圖右圓左方先偏後伍進退有節又云箕張翼舒

交錯屈伸首尾迴顧以象戰陣之形又魚麗以二十五乘爲偏居前步卒五人爲伍次之伍承偏之彌縫補缺也高渠彌使鄭公爲魚麗以迎王師衛公子朝救宋與華氏戰于赭丘鄭翩願爲鵝其御願爲鸛楚武王以荆尸授師孑焉孑戟也尸陣也楚始于此參用戟孔明于漢中積石爲壘方數百步又聚石爲八陣圖八行相距各二丈桓温曰此常山蛇勢也帝不能識桓温識其意而未知其形此各陣之形也抱朴子云嬰城者雲徹帶色者席捲猛乎黃帝五行之陣嚴乎孫吳卒然之衆尉繚子云如垣堵壓之如雲霓

覆之任子云善陣者一如列宿之陳部伍周旋如山岳之盤此各陣之勢也然陣有牝牡范蠡曰陣之道右爲牝左爲牡陣有三面軍令云舉黃白兩半幅令旗爲三面陣陣有三才太公曰日月星辰一左一右一向一背爲天陣丘陵水泉亦有前後左右之列爲地陣用車用馬用文用武爲人陣又曰星宿孤虛天陣也山川向背地陣也偏伍彌縫人陣也陣有四獸禮記云前朱雀而後玄武左青龍而右白虎鄭玄註云象天文也陣分四時周書云春爲牝陣弓爲前行夏爲方陣戟爲前行季夏爲圓陣矛爲前行秋爲牡

陣劍爲前行冬爲伏陣楯爲前行是爲五陣陣分五音黃石公記云商人爲前兵象白虎羽人爲前兵象朱雀徵人爲前兵象玄武角人爲前兵象青龍陣分五行直陣爲木方陣爲金銳陣爲火曲陣爲水圓陣爲土相敵所爲不論攻守卽以能尅者破之破之如金尅木木尅土是也又有八陣天地風雲虎翼蜿蟠龍飛鳥翔此則風后之八陣也方員牝牡衝方罘罝車箱雁行此則孫子八陣也車箱車船曲陣銳陣直陣卦陣衝陣鵝鸛陣此則吳起八陣也洞當中黃龍騰鳥翔連衡握機虎翼折衝此則孔明八陣也李靖

六花陣則中軍左虞候右虞候左一廂右一廂左二廂右二廂是也李靖十二陣則大黑大赤青虵白雲左突右擊前衝後衝摧兇抉勝破敵先鋒中黃遊奕是也此古成法也然有臨時制變者或順天時兵法云凡陣早晏無失天時有因地形魏田預討烏桓虜伏騎擊之預因地形迴軍結固陣複陣圓陣以待之晉伐狄魏舒曰彼徒我車所遇之扼乃毀車爲行伍爲陣以相離兩于前伍于后車爲右角參爲左角偏爲前拒以誘之此徒戰之始也然毀車者更增十八以當一車之用兵車三人令以五乘之合三五一十

五也更以五人爲伍爲三伍也此戰阨法也諸葛亮軍令云若賊騎左右來徒行者陟岑不便宜以車蒙陣待之陣有因山晉兵至平陰使斥山澤之險雖所不至必旆而疏陣之以示衆也項羽餘二十八騎因四隤山而爲圜陣從山上馳下立斬漢將李陵至浚稽山單于圍之陵居兩山間以大車爲營引士出外前行持戟盾後行持弓弩陣有因水李文忠援大同移陣阻水韓信驅市人而戰爲陣背水劉裕伐姚泓魏人于北岸掠其舟裕遣壯士車百乘渡河爲卻月陣兩頭抱河又命朱超石車益二十人設彭排魏兵

不能入設大弩百張射敗之此拖河爲陣也亦有臨敵制變者張威以金多騎兵利平地乃創撒星陣鉦散鼓聚敵騎聚則聲鉦師分數十枝敵騎分則聲鼓衆復趨而聚忽開忽合金兵失措制騎陣也金合達滿阿至禹山步兵列山前騎兵列山后元拖雷觀之忽散陣如雁翅轉山麓出金騎后分三陣而來隨地包圍制山陣也金有四長騎兵弓矢重甲堅忍吳璘制三疊陣前行刀楯蹲伏以俟其陣最卑第二行矛戟大槍立地以俟其陣稍高後一行騎兵弓弩其陣最高戰則後行弓矢先發次陣三陣如之疲則擊鼓

更代以分隊制其騎兵以强弓弩制其弓矢重甲以更番迭休制其堅忍制敵長也外此則諸葛亮有連衡之陣似狹而厚爲利陣令其騎不得與相離遠衛褚師比公孫彌牟作亂衛侯出奔哀公爲支離之陣以侵衛衛人病之荀登每戰以長矟鈎刃爲方圓大陣知有厚薄從中分配故人自爲戰所向無前雖各以意創要必如尉繚子云兵之所及羊腸勝鋸齒亦勝緣山勝入谷亦勝方亦勝圓亦勝乃善也耿秉行止不整不結營部然遠斥堠有警軍陣立成則臨時爲陣李廣行無部伍人人自便岳飛不習古法惟事

野戰然金人稱撼山易撼岳家軍難則不陣中有陣爲尤奇也

攻　攻城之法多端有以圍攻郭威攻李守貞築長圍飛走路絕元圍李全于青州築長圍夜布狗砦糧援俱絕金攻海州長垣包城察罕攻廬州土城六十里阿术教水軍攻襄陽築圜城逼之史天澤攻襄陽築長圍爲一字城宋太祖攻太原築長連城宗翰攻太原築長圍謂之鎖城法有從上攻劉裕攻慕容超廣固圍高三尺塹三重温不花攻安豐塡壕爲二十七壩察罕攻廬又築壩高于城樓高歡攻玉壁南起

土山木塔敵樓下瞰城中宸濠攻安慶結木栰高與
城接隋煬攻遼東造布囊百萬貯土欲積為大道高
與城齊有從下攻金攻棗陽以礦手石工穿地道高
歡攻玉壁穿地為十里道擴廓攻安豐率壯士穴地
夏攻靖夏穿壕為地道韓政徐達攻安豐潛穿城東
龍埧二十餘丈郝廷玉入懷潛穿水竇劉鄩攻兗晛
得水竇許二攻惠安有自水涂潛入官兵覺而殺之
有以火攻陳湯叢薪燒康居木城高歡松竿焚玉壁
城樓有以水攻劉曜決千金堤灌金墉韋叡堰肥水
灌合淝決丹水灌懷州關羽決漢淹樊城李光弼灌

懷吳明徹灌徐智伯灌晉陽胡蘭灌零陵呂珍灌諸暨有用岰攻高嶺造攻車所至摧毀朱泚寇奉天造梯廣數十丈濡氈布水造木廬蒙革運土塡城徐達圍姑蘇造木屋竹笆伏軍避砲宸濠攻安慶爲木冐衝城蠻攻城都爲籧籠聳舂下設枕木匿人穴壙倭陳東攻桐鄉爲樓櫓撞竿自內躍而撞城速不臺攻汴爲牛皮洞抵城掘龕取假山石爲攢竹砲更迭上下阿里海牙攻襄陽造襄陽砲聲震天地李允則斲冰爲砲有用死攻金攻饒風一人前擊二人擁後前死後代攻仙人關重鎧鈎連踐屍以登元攻安豐用

死囚拔都魯牌權致命有用輪攻樓室攻陜率軍十萬日輪一萬有四面俱攻段遼攻慕容皝柳城士皆重袍蒙楯作飛梯地道四面合進晝夜不息有用襲攻狄青二鼓大宴三鼓奪崑崙李愬雪夜入蔡州拔堞以登有不攻而攻元攻襄陽城萬山柵灌子灘以絕襄陽之東西拔樊城以絕其脣齒而襄無恃劉基曰江州取皖城焉往耿弇曰吾攻西安臨淄不能救所謂擊一得二也

守　有先攻以爲守者劉錡守順昌取癡車埋轅城上撤民扉周匝蔽禦焚城外民居築羊馬垣傅城孟

宗政守棗陽囊糠盛沙以覆樓棚列瓮貯水以備焚
毀掘深坑以防地道搠戰棚以防城隕如金運茅葦
欲燒樓櫓攻先撤之火無所施杜祐爲守具遮格則
扇棧必塗泥樓櫓必笓籬擊鬬則堞有積石欋木乂
竿連棒布幔水弩焚毀則有行爐遊火灰眯松明燕
尾炬拒馬則有木柵陷坑鐵蒺鹿角槍羊馬墻往來
則有烽臺馬舖遊奕有因攻以爲守者魏守海州破
金長垣用火牛金液日驚夜擾杜杲守安豐奪元高
塡油草下煉雁砲高擊史思明起土山李光弼穴地
頹之高歡築土山韋孝寬接樓積石當之宸濠爲木

棧木冒楊鋭假爲大銃被紅向棧紙裹火藥撒冒燒
之陳東爲樓櫓躍竿撞城一男子爲縎索圈竿眼竿
至則攬上斬之又募冶者煮鐵汁灌城下高歡穿地
道爲衝車以布繫竿然脂焚樓櫓韋孝寬掘塹熏地
道布幔以障車長鉤利刃以割竿羌鬫地而攻子命
穴浚塹壺鐳瓶甒以偵之將穿响作因焚攢火熏潛
氏死焉朱泚寇奉天雲梁以攻渾瑊掘燧積薪陷而
焚之蠻攻西蜀蓬籠而進楊忞沃以糞瀋鐵液速不
臺牛皮攢砲穴壙以攻金下震雷穴者迸爛無迹渡
壕燒砲座金董鈲鉤連吳璘櫑木叠石摧而壓之元

以拔都魯牌權死攻杜杲以小箭射其目吳明徹韋叡智伯胡蘭呂珍引水行灌王軌下流橫車遏徹魏兵鑿堰退軍趙襄殺智伯守堤吏陳球因胡蘭地勢激流胡大海奪呂珍堰皆以反灌其軍有因攻變而守亦變者如金穿地道政鼓毒烟熏之金以濕氈塞熏剗土陷城政架火山以絕陷路隨陷築城接補金氈衫鐵面濕氈覆雲蒙火山擁梯以摧其築政命長戈撞幟下勇敢毀梯鄭元璹日遼東之夷善守攻之不可猝下苻秦苟輔守新平姚萇為土山地道輔亦于內為之或戰于山上或戰于地下糧盡矢竭乃死

高歡攻玉壁盡其攻擊之術而韋守之有餘高積五十日死者七萬共爲一塚乃解去兵法云攻者常倍守者常半又曰攻者常勞守者常逸苟能先能因能變又何守之不固哉

淹　水可以淹軍浸城而用者須知因變水小者用壅韓信囊沙壅濰殺龍且李永方囊沙壅渾殺杜松唐太宗壅洛溺黑闥先壅之使淺敵涉則決也水卑者用堰韋叡堰淝灌合淝吳明徹堰清水浸徐堰泗沒徐水本下瀉堰之使上乘也水高者用引中山君引水圍趙鄗白起溝鄢水灌鄢漢高引水灌章邯曹

操引沂泗灌下邳水本別趨引之使轉向也水盛者用決關羽決漢沒于禁韋叡決丹灌懷州劉曜決千金堤灌金墉元決寸金淀灌徐敏子水漲地卑故一決卽至也然破之者壅亦有防法戚繼光遠探上流數十里遇壅卽先決趙充國渡輙爲陣兩岸揵伏恐有壅遏是也堰亦有毀法韋叡築堰魏人鑿堰羊耛因堰通糧陸抗破堰阻運王軌橫清遏艦吳明徹毀堰退軍是也可引決者亦可反灌智伯引汾灌晉陽趙襄蘘殺守堤吏反灌其軍胡蘭激流灌陳球陳球因地勢引水反灌呂珍堰水灌諸暨胡大海襲堰以

灌之是也有藉水以自利者如謝玄堰呂梁以利運
陸抗堰江陵以遏寇孟宗政瀦水爲淳阻敵騎孟珙
導水爲濠固壘栅韓信誘趙敵爲背水李文忠撥大
同移前阻水李靖討蕭詵乘水漲倏忽至城下以降
之是也亦有因水以自害者高蕃恃水自懈李典暗
渡襲之慕容寶恃河阻敵魏因冰合追之是也有避
水以就高者景陽救燕謂司馬曰汝所營水皆至宜
徙之明日果大水滅表彭羕佯狂曰宜據高恐水至
明日果大水也亦有舍水而失機者苻堅揮軍少郤
令謝玄得濟軍退莫遏因而大潰南朝棄河不守兀

朮得濟遂陷中原生民荼毒是也苟善用則據水與避水皆利苟不善用則阻水與棄水皆害也韓使鄭國誘秦開涇灌田俾不暇東伐而秦益富饒因并天下害人而反爲人利則亦計之左矣

渡　楊素將麥鐵杖能浮渡大江田泓没水達彭城洪騏驎潛水達鍾離楊茂游水達士誠什翼犍擊衛辰則緪澌合冰以濟荔蒲賊踰滑石則引繩以濟韓信襲夏陽則木罌瓶以濟鄧訓掩迷唐革船置箄以濟或自浮渡或以物渡俱不假舟楫人所不及覺也董卓討羌零受圍絕糧乃僞于渡處立堰捕魚而師

從堰下過慕容垂逃歸恐權翼邀之乃自涼馬臺結草筏以渡則暗渡也馬燧維車囊土以渡河石越寇晉約轡騎馬以渡漢石勒襲向冰船以渡枋頭樊若水白采石引絲量浮橋以渡江則巧渡也金兵必由羅家渡孟珙俟其半渡發伏擊之元昊插幟識河之淺角嘶羅移之深處魯康祚斫營以火記淮之淺魏傅永亦以瓢貯火密置深處戒見火起則競然之則乘人于渡也趙充國渡輙爲陣戚繼光遠探上流則自善其渡也劉錡獻浮橋五造于河以激兀朮曰太子必不敢渡梁方平見金迪吉旗至燒橋斷纜使不

得渡則渡人與不使人渡皆得張飛拆毀壩水之橋
反引操軍之追王泌受吐番賂而成烏蘭橋致朔方
禦寇不暇則不使人渡與渡人皆非也
焚　陳湯攻康居積薪黃蓋鏖赤壁乾荻陸遜攻梯
歸東茅韋叡擊邵陽灌油于草俞通海戰番海置火
藥于葦楊行密遣契丹資以火油潘美伐南漢燒波
才草營篝炬岑彭燒公孫述浮橋飛炬滿寵攻孫權
折松爲炬則引火之具金郄速不臺火雷明成祖烈
虜庭沐英征緬甸火銃李實戰唐島阿朮戰焦山火
箭段韶攻栢谷城狹易燒火弩戚繼光每戰夾用火

標火槍火磚以及銃砲則用火之器張弘範攻張世傑火舟常遇春截陳友諒火筏馬燧討楊朝光火車田單破奇劫火牛楊燧走寇盜火馬楚昭王奔吳師火象江逌焚姚萇營火雞戚繼光繫敵營鴉鵲火烏則行火之物彭越致楚乏食則盡焚楚積聚韓琦使任福攻白豹則焚元昊積聚王彥欲爲僞遁則焚秦郊積聚李愬欲擒李祐則使老弱燒其穫馬文升欲困滿四則盡焚石城傍草王君㚟恐吐番入寇遣諜燒寨外野草盡李全欲爲叛則使人燒軍前器局劉江絕倭歸路則潛燒其船馬昊擣藍鄢則燒其柵栢

温攻城都則火其城門高歡攻玉壁則以松竿火其攻樓劉曜走麴允聲言城破則繞城放火諸葛亮燒籐甲軍則火葫蘆谷乃焚人也劉先主欲誘夏侯敦則一旦燒屯遁于謹恐資虜馬料則自焚通州草廠石勒爲王導所迫則自焚其輜重遁李文忠欲擊涫安則陰焚士卒輜重度尙恐士卒戰不力則密焚其珍寶劉遐妻欲止叛則密焚營中甲杖石勒欲舍水向柏門則自燒其船石勒迴軍拒王堪則自燒其營孟宗政城陷絕路則架火山李存審僞立疑兵則曳柴燃火郭藥師拒劉延慶僞稱救至則分道舉火荀

禹驚孫權僞爲救至則乘山舉火乃自焚也然須知
發火有因曹操連艦張世傑碇舟故周瑜俞通海燒
之昭烈郭崇岳依林結寨故陸遜與敵燒之張用波
才以草結營故皇甫嵩潘美得以燒之高熲欲取陳
曰江南舍多竹茅其儲積數燒數年必困皆因其可
燒之物而燒之也又曰起火有時胡宗憲勦徐海會
風烈乃以千炬焚其壘滿寵拒孫權據上風乃以松
炬燒其具周瑜鏖赤壁因十月東南風發乃以乾荻
焚其舟常遇春擊友諒載葦荻火藥至晡風便乃燒
之皆因其可燒之時而燒之也如元攻安豐縱火風

返杜杲遂奪其埧侯景攻王僧辨因風縱火風忽逆反自敗走則燒人適以自燒不可不愼也而所以杜火者或以水泥勝如虜入和城縱火李顯忠以水泥塗甲冑冒火而進孟宗政架火山塞路金人濕氊覆雩蒙火山而進張世傑以海舟立栅周起樓櫓如城堞皆以泥塗之或先制敵火物俞大猷搗倭先令卒潛入倭營燒其藥礮虜攻遼陽先令諜以鹽泥塞銃火門或先自折毀金運茅葦城下孟宗政先撤樓櫓杜佑恐敵至縱火先撤傅城民居或因火行火匈奴焚上風李陵卽焚下風葭葦既絶火至自息有因火

益火蕭世識見敵縱火焚門度火滅敵入乃積薪助火而敵不得進周衛王直縱火章肅門尉遲運取宮材木牀榻以益火火熾直不得進胡惟庸勾倭王良懷藏火禁兵具千炬燭使僧瑤如以獻胡宗憲戚繼光燒倭埋地雷于地而通引藥于爐竈則藏火之妙岳飛俘金人察其可用者令返營縱火俞大猷搗王直募熟山徑者潛入賊營期日舉火則用人用賊之妙也

爇　賀若弼爲魯廣達所敗爇烟自隱敵不及追察罕欲潛往靈壁乃于舊營積薪爇烟如人炊爨狀敵

不及覺藍玉襲捕兒海穴地而爨令無烟起使虜不
見高陵以硝沾濕草于昧夜爇之則城守與山險皆
對面不見可乘黑以登

愼　兵凶戰危不可不愼愼于營陣周亞夫屯細柳
天子不得馳徐、晃駐軍坡上軍士莫敢離陣斛律光
營定而後入幕皇甫嵩幕修而後入帳愼于行止徐
晃遠斥堠王驥謹斥堠崔寶嚴燧堠虜不敢犯趙充
國遠斥堠行必爲戰備止必修營壁渡輒爲陣愼于
起息斛律光不覗介冑劉詞被甲枕戈無事當愼趙
充國嘗練士待敵吳璘治軍經武嘗如寇至朱然朝

夕嚴鼓束裝就道高崇文糧械無缺聞詔卽行楊一
清曰無事常如有事時隄防有事常如無事時鎭靜
是也先事當愼趙充國先計後戰李光弼謀定後戰
徐晃先爲不可勝然後戰种師道先爲不可勝敵來
則應之狄青必審中機會而後發辭■謀畫先定
戰必收功周德威行軍持重必伺敵隙而後動俞大
猷曰事先必慮周萬全既事卽爲善後之策是也征
伐當愼郭逵先招懷而後戰王忠嗣惟事撫循不開
釁于邊馬文升先撫勦不擅動兵鄧禹知赤眉新銳
休兵北道劉鄩知晉未可輕戰違詔不出胡世寧曰

馬昊長用兵輕用其長故敗世寧短用兵愼用其短必勝主父偃曰國雖大好戰必亡天下雖安忘戰必危王忠嗣曰太平之將但當撫循訓練不可疲中國以邀功名不可輕亦不可忽是也日日當愼段熲在邊十餘年未嘗一日蓐寢韋叡晝接賓客夜算簿書張燈達旦岑彭每一發兵鬚髮頻白劉鄩一步千計趙方令諸將飲酒勿醉當使日日可戰是也韓安國扞吳楚著意持重偶因生日言匈奴遠甚即請罷屯一月以安田事未幾匈奴大至遂嘔血以斃誡哉不可一日不愼也苟能愼狄青正部伍嚴營陣雖虜猝

犯莫能亂如楊存中宿衛四十年最寡過衛青不敢擅誅于境外史天澤刑賞不敢自專渾瑊奏請有所不可則喜曰上不疑我則事君愼斛律光自結髮從戎未嘗失律常遇春從徐達征伐奉令不敢爽毫髮則從戎愼周詳不論功伐曹彬歸功廟謨馬文升奏捷不爲誇張嚴畯以書生辭軍旅李綱以文弱辭大帥于謙功成名遂即請身退此又善于處功名之會也已

簡　簡則疎而非愼矣有謂史萬歲不治營伍令士卒各隨所安無警夜之備虜亦不敢犯郭子儀行軍

簡易不授成法令將士各以意戰每獲大勝然亦不可多得也必如种暠爲度遼預宣恩信使羌人悅服乃祛烽火堠望祭形撫夷狄以恩信乃臥鼓于邊庭滅烽于幽障也夫惟有恩信相結而后可簡慕容恪持軍寬恕營內不整似可犯然防禦甚嚴終無喪敗李廣行無步伍就善水草舍止不擊刁斗人人自便然亦遠斥堠究與程不識正部伍者俱不遇害簡略之中有愼也夫惟簡略有愼而後能簡李愬圖蔡州不立斥堠曰吾不欲敵震而備我張飛致嚴顏上書索酒大飲帳中故肆縱放使敵人開戶夫故爲疎略

以施計而後謂之能用簡如魯及邾戰卑邾不設備臧文仲曰蜂蠆猶有毒而況國乎莫敖小羅無備縊于荒谷申公巫臣謂莒曰城已惡矣莒曰僻在蠻夷其誰以我爲虞未幾楚克三都則徒簡不可也故司馬溫公曰寧效不識不學李廣俞大猷曰世無岳武穆豈可恃野戰以爲能耶誠哉是言也

誠

兵以詐勝無謀非用兵也而季梁策楚導隋侯以忠信羊祜與吳人交戰必先刻期不爲掩襲之計有獻詭謀詐策者輒飲以醇酒使不得言李左車欲以奇兵從間道絕信耳輜重成安君陳餘自稱義兵

不用詐謀奇計魏延請奇兵欲異道襲長安孔明以爲詭計而不用于謹之下江陵也尹德毅說梁詧曰魏之精銳盡萃于此爲設享會伏而斃之儋辨之徒折簡可致濟江踐極大業立成詧曰魏待我厚爲此人將不食吾餘若是乃爲儒也胥甲趙穿當晉軍門而呼曰不待期而薄人于險無勇也宋襄不乘人危不阨人于險乃殺人之中有禮焉未可厚非也晉文公伐原命三日糧不降則去諜出曰將降矣公曰得原失信何以使人師退而原降荀吳圍鼓鼓人請以城叛穆子不許曰猶有食城邑修必食竭力盡而後

取霍光使楊稷毛炅屯交趾曰賊圍未百日而降衆
屬誅過期則刺史受其罪吳陶璜圍之請降璜不許
給以糧俟日滿救不至降之降人之中有禮焉亦未
可非也叔弓圍費不克冶歐夫曰若見費人寒者衣
之飢者食之供其乏困費來如歸季平子從之費人
叛南氏羊祜軍至吳境刈稻爲糧以絹償之計其所
值晉欒鍼遺酒楚令尹子重飲畢免使者而復鼓宇
文測守汾州有羊祜之風不爲掩襲攻戰之中有禮
焉是誠識也古人倘誠楚平誘戎子蠻商鞅誘魏子
卬始有詐僞之事

效　田單初用火牛被繒畫綵敵不知所從也邵青效之王德曰此古法也令右軍持滿萬弩齊發牛皆返奔韓信背泜水而陣伏精騎奪趙壁以水上爲誘勝之馬進亦背均河而陣張俊當其前楊沂中以精騎別從西山馳其腋遂敗均火牛也田單用之而勝邵青效之而敗一出于敵未知一爲敵所諜知均背水也韓信用之而勝馬進效之而敗一以精騎襲人一爲精騎所襲也善于效古則韓信背水破趙司馬懿亦背渭水爲壘以拒孔明再用而再勝田單以火牛破燕楊璇變爲火馬田燧復用火車常遇春則爲

火舟火筏屢用而屢勝也故韓信壅水李允方亦壅水斲羽則決水孫臏減竈虞詡增竈韓世忠則撤竈神而明之存乎其人詎曰可一不可再哉

寓　兵者陰道也貴于能寓管子曰君正卒伍修甲兵則他國亦行之君有征戰之事則他國有守圉之備矣公欲速得意于天下必事有所隱而政有所寓故宋守約爲殿帥承平欲明軍令强捕蟬鳴高洋實欲襲滎祖跳奔躍而謂夫人曰漫戲賀若弼圖陳欲集兵則更屯番代欲渡江則緣江射獵李允則拒吐番欲修城則僞失銀器欲瞭望則建浮屠欲習水戰

則放艦競渡欲阻敵騎則隙地種榆不使人覺不令
人疑古田獵習陣內政藏令有以哉

肄　伍員爲三師肄楚曰楚衆而乖莫適任患一師
至彼必皆出彼出則歸彼歸則出楚必道罷然后大
師繼之此肄而勞之也李愬爲三敗肄蔡曰一敗以
觀其虛實再敗委地以分其勢三敗以安其心然后
乘怠襲之此肄而驕之也朱然朝夕嚴鼓令在營者
嘗束裝就道敵玩不知所備故出輙有功高熲曰量
陳收穫微徵士馬聲言掩襲彼旣聚衆我便解甲再
三若此彼以爲常然后大舉彼必不信此皆肄而習

之也善用兵者當深明其法也

藏　戰之奇者無如藏裴行儉糧車伏壯上則藏車呂蒙精兵伏𦩷艫則藏舟田泓道戴逐則藏水崔浩分軍邀赫連則藏山劉曜伏兵邀劉演則藏于隱僻慕容垂使國爲僞退伏兵擊永則藏于深澗貫高欲刺漢高則藏于夾壁徐海殺程祿則藏于深澗民房甘茂鑿穴王所則藏于地道張弘範以布幔舟尾則槓可藏賀若弼以葦蔽舟則荻可藏秦叔寶襲明月姚廣孝驚南軍則林木可藏倭殺劉隆胡鳳則草莽麥田可藏而尤奇者劉儀選婦人懷招軍榜則藏以

婦賀若弼以煙燄自蔽則藏于火虞詡募盜入賊岳飛遣卒克相賊則藏于敵也慕容垂知權翼伏河橋乃於涼馬臺結筏以渡則伏亦可避劉先主營于平地陸遜知有伏而不擊則伏亦可空周亞夫知淆澠有伏乃趨別道搜之則伏亦可搜而發故伏之法多端在能善防耳苟如昭烈伏窄林李典疑畏欲退夏侯惇鬪而不信卒墮計中斯爲愚也

穴

凡攻城者多掘陷隧夏攻靖夏攢廓破安豐則穴地郝廷玉入懷蠻爲蓬籠攻城都則穴墉倡優據臺譏太子李光弼自地道擒之則穴臺史思明爲飛

樓障幔築土山光弼于下穨之則穴山高歡攻玉壁則穴于二道田單出火牛石勒爲突馬則穴二十餘所徐達穿東龍堪則穴二十餘丈郭登飛天龍窽地網則穴十餘里李光弼約降陰溝其營俄史軍皆沒塹則穴數千人項羽坑秦軍白起坑趙卒則穴數十萬王猛使張蚝破晉陽則穴而入慕容鍾避慕容超爲地道出奔則穴而出史奉敬解鹽州圍二千五百人行地中旬餘寂無音响人以爲俱沒無何出擊吐番後則由穴以行金礦土窟則穴之人戚南塘柱板實薪則穴之法郭登樹木覆土人馬通行則穴之大

子命防穴浚塹壺罌瓶甒以偵將穿响作則因焚擴火戚南塘以缸覆人繞城潛聽聞斧鑿聲則築墻掘坑截而守之旣穿則如孟宗政鼓毒煙以熏之則又防穴之妙

灰塵　自欒枝輿柴揚塵敗荆後晉救靳凖用之慕容儁救石祇李存審疑敵皆用之至楊璇以布囊灰繫于馬後爇而馳之灰塵蔽天使敵不覺夏繞靖夏使數萬騎繞城踐塵使敵不見以穿地道則又用灰塵之妙者

集　兵法有合者使之離蓋以分其勢未聞反欲其

集也沈希儀邀蕩蒲賊曰蛟龍灘闊成列則難圖惟滑石引繩乃濟衆集可薄遂設疑于蹹而致之隘俞大猷討吳平二源其山延袤千里峒如蜂房難制曰是當誘而聚之乃遣王鸞爲死間僞撫雲溪而擊旁峒諸峒皆就雲溪遂并攻破之張弘範至崖逼宋舟或請用砲曰火舉則舟散舟散則敵逸又將勞師不如戰也乃分軍邀截宋乃全覆張璉寇江閩胡宗憲曰賊棄巢出自投死命大猷曰賊出四逸邀擊甚難不如趨嵩岑攻其巢穴使之自返救則就殲矣姚萇討禿飛惡地見氐胡赴之者絡繹不絕喜曰今同惡

會集得一舉撲滅可不煩再舉誠哉有集之法也

襲　李愬乘雪夜襲蔡擊鵝鴨池以亂軍聲劉錡乘電斫金營電起則擊電止則匿不動吹小兒竹器以爲聚散沈希儀常于淒風苦雨夜遣人衣草色衣毳帽入賊巢伏草中舉砲此三者妙于擊鵝鴨池吹竹器衣草色衣至李光弼襲姚陽捲甲啣枚石勒千里襲幽以火宵行焦希程乘雪襲倭周浦先約胡亘伏賊巢舉火則常法耳

覘　善勝敵者在于能覘覘則知微機密劉鄩攻兗州使人爲鬻油者覘得水竇一夕啣枚而入覘于城也

宇文泰欲覘齊軍使達奚武三騎效高歡將士衣服下馬潛聽其軍號遂爲警夜者徧歷其營韓世忠得劉忠軍號與蘇格一夕聯騎穿賊營候者呵問輒應之周覽而出覘于軍也沈希儀誘熟猺入生猺中覘其趨向陰計密謀皆先知之故每寇則官軍先在覘所出也李琪據蒙陰山爲寇戚景通覘得其與奸民出入之處伏而擒之覘所通也此數者妙在于爲警油衣敵衣用敵號迹奸民也如周德威解律金望塵知敵師曠聞烏知遁劉基聽嚴鼓料敵必走乃以耳目爲覘覘固異矣至韓世忠度兀木必上金山覘軍

伏而擊之五獲其二孟珙料武仙必上岵峴覘營伏軍遮擊山爲之赭則覘人覘而擒人也莫天祐令楊茂游水爲覘徐達獲而詰之反得其往來書報虛實悉知則因人覘而覘人也王德知契丹覘在不捕惟大閱糗糧簡飭士卒鳴鼓麾旗以示欲進曰彼得其實以告是服人之兵不用戰也明日契丹果請和則又用人覘而服人也異哉其用覘也

反　善戰者能反其勢則事易而功倍徐達攻湖州張士信築壘舊館以壓背常遇春間道出東遷更營其後以壓背反營陣之勢也金將南侵趙方曰我當

先發以戰爲守不深入不攻城但爲師潰擾使彼自爲支應反先後之勢也曲端謂金師精銳且因糧于我我反爲客若據險出偏師擾其耕穫彼必去此取糧河東則我爲主慕容備德出討苻廣李辨滑以滑臺獻魏韓范曰魏師入城據我成貲向也魏爲客我爲主今也我爲客魏爲主主客之勢翻然不可復戰反主客之勢也倭據興化俞大猷曰逼城攻之彼實我虛彼飽我飢彼逸我勞不若列營固寨困之彼必攻柵而遁則彼以攻爲守我以守爲攻反攻守之勢也姚平仲斫金營爲候騎所覺而敗种師道曰再進

亦一奇着不則每夕數千人擾之十日必走反勝敗
之勢也
逆　元昊陷塞門張方平請師自麟府曰巢穴必虛
麹允出黃白城趙染請間道返襲曰長安必虛馬超
扼潼關徐晃請道蒲坂曰西河虛備燕兵外拒胡蕃
請騎兵間襲曰臨朐守募韓秀升請兵出舟高仁厚
潛襲其巢曰重戰輕守蕭幹拒艮鄉郭藥師請襲燕
山曰城單可得徐晃聲攻圍頭密攻四冢曰敵不知
守朱儁攻宛東南精卒掩西北曰敵不知備梁攻趙
孫臏疾走梁曰批亢擣虛凡此皆衝其方虛之法也

張璡寇江關俞大猷趨嵩岑曰直搗其巢羌抄浩亹
馬援掩允吾曰擣其妻子元昊寇三川韓琦攻白豹
曰破其族屬彭超攻彭城謝玄聲留城曰奪其輜重
蘇峻攻大業陶侃向石頭曰要其所急文懿拒遼水
司馬懿指襄平曰攻其必救宸濠攻安慶王守仁擣
南昌曰傾其巢穴凡此皆拔其根本之說也金攻蘄
黃趙范出唐鄧曰以示有餘則兩相攻僕固懷恩寇
長安楊志烈俾趨靈武曰救京奇着則兩相傾魏攻
趙齊段干綸南攻襄陵曰使趙破魏弱則兩有利故
善兵者在于能用逆劉武周擅攻太原唐高祖欲返

兵自救唐太宗哭而止之曰苟一返顧衆心解矣則不可爲人所逆鄧艾曰姜維使廖化持吾必自襲洮城卽潛軍先入據之則能以逆迎逆而不墮其術斯善矣

御　李旱討李朗慕容盛忽召旋師段熲討鮮卑忽稱敕旋師劉江討楊文聲往北平蓋敵善散逸却誘使自聚也韓信襲趙壁佯棄旗鼓走水上須陀奪明月營佯言糧盡委柵退岳飛襲李成砦佯言糧盡反茶陵慕容農誘崔釗出山佯言糧缺引兵還蓋敵善據守却誘使離穴也石虎賺張平聲歸河北空營設

伏慕容麟賺鮮于乞聲向魯口迴趨掩擊蓋敵善防
禦却誘使不備也伯顏致海都且戰且退郭子儀致
安慶緒屢戰屢敗蓋敵本勇悍却誘使入伏也周德
威欲擒陳章戒軍佯退使敵冲入而返擊欲擊單廷
珪側身少却使敵既過而反錐則以却為戰韓世忠
稱詔退守江而引兵進大儀王彥焚積聚若遁而易
旗伏兵進則以却為進鬬廉伐鄖佯為戰北故却以
盈其節慕容暐知晉勇于乘退故却以順其情趙葵
知李全不戰俟收兵乃掩故却以導其欲張弘範知
冲宋軍不動必以敗誘故却以致之亂慕容垂設伏

僞遁而破長子劉先主燒屯遁而敗夏侯惇李嗣業與仙芝因敗退守白石遂得全師則故却與自却皆爲得計慕容詳襲魏珪使長孫肥挑戰僞退魏知其計以虎隊横截其後苻堅揮軍少退令謝玄得濟軍誤以爲敗遂奔北莫止以至大敗則故却與實却皆失矣不可不知也

神　田單稱卒爲神師假以卒也步容積白鐵余埋銅佛以誑衆假以佛也李勉稱子產助神兵假于廟也明成祖揑言眞武助天兵披髮仗劍以應之以人應神也倭爲長蛇陣劉江披髮仗劍作眞武以壓之

陶魯以胭脂包抹額拭面紅則稱雲長護之則以人爲神也漢兵入大理觀音化婦負大石漢卒吐舌而退王僧辨平郢州軍人夢周何二神曰吾助天子討賊並乘朱舫王導拒苻堅禱助于鍾山之神奉號相國而八公山草木皆成晉兵則眞神戰矣光武渡滹沱石勒擊劉曜偶值冰合冰判而漫曰危渡靈昌則異矣

鬼魅　厲鬼殺賊張巡之憤子奇也未封而卒關羽之鋤呂蒙也結草抗杜回妾父之報魏顆也

妖　項普有道士作十二里霧董搏霄曰必不能久

伏兵以待霧霽破之巨無霸召神怪虎豹犀象以助威武郅君章投鴉鵲破之山越善禁矢皆返射刀劍斷折賀齊曰禁金者必不能禁木以大棓擊破之妖婦唐賽兒空中剪紙爲人馬鬭分紅白旗官軍以飛炬東把焚之惟宋文二十五年元魏世祖纛有悅般國獻大術者能作霖雨狂風大雪行潦蠕蠕來抄令行其術蠕蠕凍死及漂亡者十二三則幻術有時可正用也

毒　耿恭毒藥傅矢虜中創皆沸孟宗政爲毒煙鼓鞲熏地道劉錡爲毒砂順風迷目毒于物也方廉遺

諜投毒井中倭死千餘秦人毒涇上流晉師多死長孫晟毒水上流達頭多死劉錡毒潁水草兀朮人馬俱斃毒于水草也尹鳳勳許二預置藥酒于闔之湖坪敵飲多死胡宗憲勦徐海于嘉興艦載泥封酒百餘甖鑽其顛投以毒劑塞如故以機警卒假官服解酒餉軍出賊道見賊輒褫衣冠走諸酋得酒不疑高會痛飲而死又令各村市酒家皆入毒甖中而貰其值民有米漬藥水淅而遺之又令海市酒米皆以藥毒其中又禦倭于台州預置藥蜜藥餅而遺之虜死者多黑色毒于飲食也陳仙奇因李希烈病使醫毒

之然有試法倭屢中毒後得飲食先以餵雞犬等物
又或以銀刀試入遇毒則黑亦有解法郭琪從田令
孜飲毒酒歸殺婢吮血吐黑汁而解又或殺羊吮血
而毒亦解惟魏沙門法慶合狂藥令人服之父子兄
弟不相識惟以殺害爲事則又召反之法矣

兵跡卷四終

兵跡卷五

寧都魏　禧凝叔編輯

將効編

除寇盜　丹陽賊陳僕屯歷山四面壁立賀齊募輕捷士夜于隱處以鐵戈拓山而登馬援曰擊潯陽山賊除其竹木譬小兒頭生蟣虱并其髮而祛之則盪盪然無所依一奪其險一祛其阻除山寇法也山夷斷江劫掠陶侃令諸將作商船伏兵誘之楊么以舟輪擊水其行如飛旁置撞竿舟觸之輒壞岳飛浮腐草亂木以礙其舟輪巨筏張革以抵其竿而舉巨木

撞之一誘之以舟一撞壞其舟除水寇法也岳飛遣卒充相賊偕賊出戰即陣擒之虞詡募盜入賊中誘賊劫掠伏兵擒之此入盜制盜也張敞相膠東購盜互捕縱盜誘黨自贖崔安潛令盜互告貰罪分其貲財光武令盜自糾五人共斬一人者除罪魏元忠于獄選劇盜以詰盜加以冠帶士卒數萬不忘一錢張敞尹京兆得偷長數人使充吏發盜長歸私以赭污其衣明日悉見捕此以賊制賊也虞詡令人入賊中作衣以綵線縫其裾賊有出者輒擒之王禁夜飲羣盜酒入壘以黒其唇天明告守者擒縛李崇令各村

設樓置鼓盜發則傳擊捕掩實嚴效其法又令互告
者貰罪則兼用之而盜無所容曾子固立保伍有盜
則鳴鼓相援又明賞購捕且開人自言則三行之故
盜發輒得俞大猷曰山賊以歸巢爲生路又曰賊出
四逸不如傾其巢穴虎逐鹿而熊搏其子返顧如拉
朽矣則勦之也陳宷以單車諭劇賊而[illegible]于臨降王
堯臣知光州盜發倉廩曰飢民求食荒政之所恤減
死而盜平柳開知常州多寇盜開以俸金招之解衣
與賊曰彼失所則爲盜得所則吾民也未半歲而四
境輯龔遂治渤海罷捕盜吏曰持鉤鉏田器者皆吾

民吏毋得問執弓矢者乃爲賊一時皆持鉤鉏此撫
之也文康伯知杭州以上命招撫羣盜籍以爲兵此
亦良法宗澤平河東賊王善得衆七十萬平沒角牛
楊進得兵三十萬平王再興李貴王大郎等又得兵
三萬而河東京西淮南河北之侵掠息矣韓世忠平
淄青李復黨得兵萬餘平廣西賊曹成得兵數萬平
白面山賊劉忠又得兵萬餘而淄青閩廣河南之侵
掠止矣岳飛平武陵賊孔彥丹襄陽賊張用江淮賊
李成筠州賊馬進共得兵九萬降嶺賊曹成得兵十
餘萬平吉賊得兵數千又平湖賊楊么得兵十餘萬

而江淮岺表襄陽之侵掠息矣其他如張浚劉錡皆類是遂成勁師爲朝廷立功多建偉績則除其害而兼收其用是利之也涼州多盜宋邊令寫孝經俾家家習之使知禮義而未舉行魏詔縣令能治一縣劫盜兼治二縣即食其祿能靜二縣者三之三年遷爲郡守郡守亦如之三年遷爲刺史此又以靜盜爲賞官也

疲猛　趙伐燕蘇代曰恐人將鷸蚌視我齊魏相持淳于髡曰恐秦楚以我爲韓盧郭㚟曹魏委荊州以爭吳蜀曰以收漁人之利唐高祖因李密塞成皋曰

使我無東顧憂以觀鷸蚌之勢此因敵疲敵也若茂建猛甚王伯閉營不出委捕虜力戰兩疲乃乘杜曾銳甚周訪分三甄委二甄力戰不救皆敗乃出虜鋒猛烈李文忠阻水自固委二營死戰敵疲乃擊此以已疲敵也如敵猛甚郭子儀以善射伏壁且戰且退誘其乘壘勁弩强弓交發射之楊大眼銳甚韋叡閉壘斂矢俟其近二千强弩一時俱發要亦制猛之一法也

陷堅　善戰者莫不貴沖虛乘弱而韓世忠曰兵勢最重處臣願當之王德曰賊右陣堅我當先犯之小

峴堅守不下見其出數百人于外韋叡曰此必勇銳也能挫之城自拔宇文逸豆歸指精銳以屬沒奕千千素有勇名一國所恃慕容翰曰破此則國不攻自潰段氏之衆末柸爲勁精勇悉在其部不戰示弱鑿壘猝掩堅破則餘衆悉走桑仲三道寇德安王彥曰彼衆我寡分兵以離我勢當先破其堅則脆者自走是數者皆先竭力于堅也唐太宗曰攻堅則瑕者亦堅以我之强當彼之弱又別一論矣

斷歸　何以得三軍死戰惟有斷歸路一法耳孟明復晉濟河焚舟劉錡抵順昌鑿舟沉之示難返也項

羽渡河湛船燒廬桓溫伐蜀棄釜破甑示難久也韓世忠令走者後隊得勦殺兀术以牙兵三千爲後隊督戰陸瑄以前隊逃中隊勦殺狗得同罪以入爲斷也朱遵擊公孫淵埋輪絆馬以示必死韓世忠討李忠布蒺藜于後提兵往大儀立柵遮後兀术每戰以拒馬擁後則以物爲斷也王猛伐燕亦破釜棄糧曰今與君深入賊地難自返矣段熲指高平曰今去家數千里路遠糧絶王鎭惡指長安曰此去家萬里舫乘水流此則斷其可歸之路孫鏜禦虜不利程信閉城不納張仁愿築城不設壅門曲敵戰格此又斷其

可歸之念也韓信背水爲陣司馬懿背渭爲壘此又
置以斷歸之地也
絕亡　叛逃歸敵則法之所不能加而名將處之固
有甚快者宮他之入東周盡輸西周國情馮睢故遺
金書曰事不成亟亡歸久且泄更使諜告東周候索
獲其書東周君立殺之戍卒亡夏曹瑋謬曰吾使之
也夏聞之斬叛卒于境上王彥踰城奔梁從者甚衆
劉鄩揚曰素遣從副使行者俱行梁疑之戮彥等于
城下檀道濟糧竭亡卒告魏濟乃量沙唱籌又撒米
遺路魏以告者爲誑殺之能使敵殺一快也石勒鎮

戍多歸祖逖勒患之乃執逖叛者戮而歸其首自是叛者逖皆不受麗瓌縛祉歸劉豫張魏公聞之色不變曰此有說因樂飲至夜乃爲蠟書遺之曰事成不成可速歸虜得書疑之分隸其衆能使敵不納能使敵疑亦一快也賀若敦拒陳侯瑱土人多乘舟餉之敦亦僞以舟餉伏兵擊之自是乘舟至者敵皆望而拒戢軍士亦多乘馬投瑱敦卽牽馬向舟痛加逆策如是者屢乘以投敵馬見舟畏懼堅持不上誘敵登岸而伏發自是有乘馬至者敵皆擊殺能因降擊敵能使敵擊降爲尤快也究觀其法要不外順其勢反

其情二者

枵餒　李左車曰千里餽糧士有飢色樵蘇後爨師不宿飽士蔿曰虢不蓄也亟戰將飢則飢固不可不計也劉岳兀朮殺馬食肉魏勝援沂飢飼牛馬吳寄圖武昌晝擊夜漁以物爲食也方叔征荆蠻軍士采芑慕容麟守中山燕人采椹崔湜曰桑椹可以佐軍食苻登取椹供軍慕容垂禁蠶食椹袁紹軍河北仰食棗椹漢書士卒食菜半以菽雜苻丕守鄴削松木飼馬劉子羽守三泉取草根木芽以草木爲食也徐敏子入洛採蒿和麪作餅侯景破臺城百官烝土而

食隋末軍民采樹皮擣藁煮土耿恭守疏勒煮鎧弩食筋革朱勃固守狄道煮弩唆履革以百物為食也段頌追燒當割肉食雪張巡守睢陽羅雀掘鼠切絲布茶紙和煮而食則又靡物不食矣王羆煮粥守荆州飢亦以守郝處俊乾糧救高麗飢亦以戰沈希儀稀糜破王堯飢亦以攻然郭威圍李守貞食盡而陷婁室攻李彥仙糧絕而陷趙括將四十萬人食盡俱降故靡物不食不若救之以計也如霍去病穿域蹋鞠使人忘飢曹操虞粟不足以小斛足之乃暫救一時之計石勒拒王導軍食不繼畏糧渡泗梁棟乏食

棄城就餉石勒爲王浚所敗迴向柏門迎輜重則脫身以就食也歸粟于蔡以周亟矜無資鄧禹西征乏糧王丹率宗族上麥二千斛吳申叔儀乞糧于公孫有山裴濟刺血染奏求糧則轉乞于人也檀道濟唱籌量沙胡彬揚沙爲米祖逖囊土堆積賀若弼盛土如山則詐敵爲有也張旣曰軍無現糧以敵爲資郭默詐降誘羅于曜石勒三伏襲向冰儲則取資于敵也然此特救已之飢耳孔明攻陳倉張郃擬其糧盡必走奚斤舍輜重赫連定知其糧少可邀則乘人之飢也然乘人飢如燕飢趙伐趙恢曰伐之未必勝强

秦以兵乘齊飢吳伐弱越乘其斃以霸不若公孫五
樓聞劉裕至校資儲之外餘悉焚蕩于謙聞虜至盡
散通州米為軍糧令其自運入城眭遂聞魏珪至曰
魏兵馬上持糧堅壁清野旬日自退則不資敵以糧
也不資敵糧又不若項羽奪敖倉甬道彭越盡焚楚
積聚元築長圍絕李青糧援馬昊以步兵分據喻老
便道則使人以飢也使人飢又不若漢帥置毒食中
胡宗憲令人以藥漬米浙而遺之足制敵之死命也
漢高祖七日不火食僅得圍解岳飛軍鍾村軍無見
糧枵腹忍飢又不若孔明過師隨所止種蔓菁可以

生食楊沛爲新鄭課民備乾椹勞豆明太祖令于屯
地所宜并樹桑柿棗栗得兼爲餌之先防其飢也而
所以足糧者則在饟法
渴　周禮挈壺以令蓋營中穿井則懸壺以表之使
軍士知所取不至令渴也如赫連昌攻王敬于潼關
斷其水道渴不能戰魏珪攻赫連定使高車斷其水
道定人馬俱渴故歷有以渴困人者馬謖據山張郃
絶其汲道阿塔剌蠻據半空和寨兀良合台絶其汲
道參狼羌恃山險馬謖不戰惟據便地奪水草馬文
升絶滿四水草馬昊據普法惡泉口塹者走而守者

死甚矣渴之能制人也不得已如魏勝殺牛馬飮血耿恭窄馬糞飮汁元破樊城牛富率死士巷戰渴飮人血王尋王邑攻昆陽城中渴甚城上積弩拒敵城下負戸而汲种世衡穿地一百五十尺乃得泉晉杜重威伐契丹飢渴于陽城鑿井輒壞浚泥汁而飮則民所以救渴者亦良苦矣至如徐盛斷姚萇水路天雨而振李廣利刺山飛泉耿恭守疏勒平鑿守懷拜井水出裴行儉祭水得池之獲助于天與隰朋迹蟻壤管仲掘駝蹋李文忠因馬跑之師識于物與曹操假指梅林种師道遥指西麓明成祖晨還靖虜諸將

以衣蘸草馬上且行且拽漬露揉吸麟州城無井元昊困之軍士溝泥塗草以示水足雖云可救一時要不若呂公弼于麟拔去抽沙實以炭末墐上築城包水于內與張騫通西域悉記水草善處軍出得不乏絕之爲善也劉錡度天暑兀术遠至必渴毒穎之水使敵人馬俱弊與方廉投毒于井長孫晟毒水上流尹鳳設鴆于酒皆一機局渴飲者又不可不防也慕容評與桓温戰障固山泉令軍士入絹一匹得水二石不渴使渴莫有鬭志斯又愚之甚矣

寡　劉裕覘敵敵掩至從騎皆喪裕挺戈獨馳以一

人戰也趙雲數十騎覘操操揚兵大至雲引至營勁弩追射以數十騎戰也王德百騎覘李昱昱疑欲西德大呼曰大兵至尙何往以百騎戰也郭登輕兵躡虜虜大至曰退必不全不如戰以輕兵敵重兵也尹繼倫率兵巡路值契丹師過置而不問曰轉必無噍類宜躡之以三百戰三十萬也趙普勝陷江州兵號百萬元吉星募兵三千破之以三千破百萬也苻堅寇晉號百萬謝玄以五千弱卒破之以五千破百萬也劉裕使沈田子以數千爲疑兵泓掩至曰衆寡相懸勢不兩立且在奇不在衆乘陣未定擊之王君廓

以士三千破賊一萬唐太宗將秦叔寶尉遲恭等十餘人破竇建德十萬夫以少破衆如馬璘李光弼虞允文者固多然猝值而戰勝者則難岳飛百騎習滑河敵猝至曰彼雖衆未知我虛實可乘其未定擊之戚景通數百騎往鄒地塗值流賊曰彼猝遇我安知我虛實且成師不避急擊之乘敵之不知其寡也李繼隆討李繼捧或以兵少欲據石堡曰據堡則衆寡已露不如徑襲夏州种師道援京畿離不屯城下衆少欲暫駐汜水曰兵少遲迴情見形露不若鼓行而前遂沿途揭榜曰种少保領西兵百萬來急進不使

敵知其寡也李廣百餘騎遇匈奴突至解鞍縱臥敵疑引去王越巡邊遇虜猝至列陣自固以示暇形薄暮下馬次第步行使無軍聲雖不能擊亦能全軍而返使敵疑其多不敢擊其寡也

不　欒書禦楚范士燮曰外寧必有內憂伍尙慮吳之亡曰戰勝國危有所不勝也齊侯卒士匄還師劉裕喪崔浩止兵單于爲臣下所殺蕭望之曰不可幸災晉伐吳山濤曰盍釋以爲外懼宋仁欲伐遼高麗曰當存以爲邊捍宋太祖欲下太原趙普曰恐邊患獨當我明太祖不擊余闕曰恐自撤屏翰光武不收

秦蜀曰且置兩子度外有所不伐也鄧禹不攻長安曰赤眉新勝鋒不可當白起不欲攻趙曰趙懲長平之敗必守備十倍王忠嗣舍石堡曰得一城不足以制敵伯顏棄郢曰大軍之出不爲此一城捐陽還曰此堡甚堅攻之徒勞師明太祖攻皖劉基曰彈丸城不足久勞師有所不攻也劉裕伐秦崔浩曰若遏之恐代讎受敵有所不遏也李愬棄吳房曰以分敵人之勢陶侃棄邾城曰恐江北引寇有所不可也諸將欲取沙蕪戰船伯顏曰慮貪小遺大察罕將拔震武引去曰留作南朝病塊有所不取也伯顏破陽還夏

貴走曰勿追吾欲以捷告宋人破常州劉師勇走曰勿追彼所過城守者皆胆落矣有所不追也吳攻梁周亞夫違詔不救惟以輕兵絕吳楚饟道馬武爲茂建所敗王伯不救曰賊猛甚俟其戰疲乃可乘劉先主攻孫桓陸遜不救曰待吾志展安東自解赤眉夜攻耿純純力戰敗之世祖勞曰昨大軍不可夜動故不相救有所不救也朱蒞不存首級之功郭逵令殺賊婦女老弱者皆不賞李愬破蔡州不戮一人曹彬下江南不肯妄殺光武討淮陽赦盆子有銅馬恕赤眉孟威請以生口還袁安以示優貸种暠羌胡來降

有所不殺也劉曜謂張茂知吾勝自懼而降可不煩兵趙充國曰先擊羌零則罕开之屬可不煩兵而服則有所不戰也趙奢救閼與堅壁不進隨而疾趨則不進中有謀杜預用兵江南男女降者百萬單中謠曰以計代戰一當萬張金搦戰楊義臣欲出而止者數四一日怒詈約戰乃先期潛兵伺金出而襲其營則不戰中有計李全閉壘不戰趙葵曰此候我收兵而掩耳故却以誘之此又破不戰中之謀也至周武王歸馬華山之陽放牛桃林之野漢高祖兵罷歸家光武罷郡國材官還復民伍則竟不戰矣司馬懿知

孔明難敵詐勅禁戰慕容紹宗知侯景難克禁將士勿渡河則竟不敢戰然究皆拙守取勝不戰中有戰哉

勝

勝其可紀乎然亦有不輕于勝者李牧當匈奴小入則佯北收保以人畜委之大至則多爲奇陣擊殺十餘萬此務爲大勝也自是羌悉破亡不復事戰矣王越結跳盪士不與虜大軍角但偵其出入翦其零騎襲其老弱劫其輜重此務爲小勝務爲奇勝也自是虜不敢居河套而西境寧矣齊桓九合諸侯不以兵車一戰而伯漢高祖百戰百敗垓下一圍天下

遂定善戰者勝于一可也史萬歲討高智慧七百餘戰破三千餘部楊會姜討羣盜七百餘戰未嘗負敗能勝者勝于多可也賈榮征突厥遺一壯士而退其全軍用少能勝可也王翦以六十萬人破楚用多能勝可也趙子龍征戰無傷李存勗屢經大陣從未被傷郭登一年百戰無敗曹瑋爲將四十年未嘗敗衂則長勝之將也陶魯之兵三百戚繼光之兵三千屢用不躓則長勝之兵也婁師德擊吐蕃于白水八戰八捷唐太宗追宋金剛于雀鼠谷一日八戰皆捷此征戰之勝也尉遲恭避矟奪矟空拳取勝刻里安都

不兜不甲赤身取勝此健鬪之勝也然健鬪之勝如夏侯淵恃勇輕進摽爲危之常遇春與小校爭能明太祖戒焉賈復倚勝不少持重故光武不令別將征戰之勝如莫敖狃蒲騷之勝小羅無備而敗晋厲公後敗楚師范燮曰君驕而克是益其疾也卜偃曰虢亡下陽不懼而又有敗戎于桑之功是天奪之鑒而益其疾也必易晉不撫其民矣不可以五稔周楊剴鎮邳州捍東境二十餘年未嘗不捷由是輕出枳關大爲婁敵所破以致降齊齊賢曰百戰百勝不如不戰而勝故勝亦不可恒爲勝也如趙與秦戰再勝國

危三勝國破張儀曰齊與魯三戰而三勝國以危亡隨其後雖有勝名而有亡實齊大而魯小也秦與趙戰于番吾之下再戰再勝四戰之後趙亡卒數十萬邯鄲僅存雖有勝秦之名而國破矣秦强而趙弱也中山迎燕趙趙再戰比勝而國遂亡蘇子謂戰勝者士多死而兵益弱故勝須務爲保勝也如晉文敗楚于城濮猶有憂色曰得臣在恐憂未歇趙襄子攻翟勝之猶有憂色孔子曰趙氏其昌乎勝之非難持之爲難白起不欲再伐趙恐勝難再勝馬司公曰周高祖可謂善處勝矣他人勝則益驕高祖勝而愈儉趙

充國敗羌陵陵渡湟走國徐驅之或曰逐利太緩曰窮寇緩之則走急則致死商鞅大戰勝逐北無過十里小戰勝逐北無過五里此亦持重之法也然勝有勝之道唐休璟能知山川夷險故行師未嘗敗周尚文善用間諜悉知虜情故每戰必勝又若李世勣李道宗善持重雖不能大勝亦不大敗慕容恪防患嚴密終無喪敗劉鄩一步千計寡有失着杜杲無悖謀左晝得于四書胡世寧重用其短是以必勝吳玠務遠略不務小利能保必勝孔明七擒七縱以服孟獲之心爲可效也他如桓溫伐蜀崔浩曰必勝吾見其

奕不可得者則不行然恐勝之後則未可量鍾會鄧艾伐蜀劉寔曰必克然皆不得返搆逆而死王濬與王渾爭功或曰非持勝之道甚哉持勝之難也惟華陽之戰魏不勝明年秦使段干崇求割地而講孫臣曰魏不以敗之止割可謂善用不勝矣秦不以勝之止割可謂不善用勝矣勝不勝亦何常要亦在于善用也

敗　善敗者不亡周桓王與鄭莊戰祝聃射王中肩王亦能軍殿師以退則敗亦能戰也吳璘曰與他人戰勝負分于呼吸惟金敗而復至非累挫不能決則

屢敗而亦戰也楚戰鄢陵將覆鄧石首曰衛侯不去其旗是以甚敗乃納旌于弢則善敗者能爲不甚也左軍小郤沐英斬指揮而衆奮桓温伐蜀前鋒不利袁喬拔劍督士卒力戰遂大破之則敗亦可轉爲勝也姚平仲斫金營爲候騎所覺而敗种師道曰再進必克則敗于前而勝于後也馮異爲赤眉所敗棄馬步走堅壁再戰破于崤函則敗于此而勝于彼也孟明再敗增修德政後能復晉封崤則以再敗而取勝也晉荀吉射荀寅以三折爲良則以三敗而取勝也漢高祖百戰百敗卒定天下則以百敗而取勝也勝

敗兵家之常故敗不足畏要在能持敗而取勝耳如吳漢見諸將失利意氣自若整勵器械帝曰吳公差强人意則衆敗而我猶可勝也諸葛亮街亭敗績不更發兵考微勞甄壯烈收餘燼察傷痍引咎自責使民忘其敗以圖後舉也晉趙衰曰秦師又至將必避之懼而增德不可當也勾踐爲吳所敗二十年生聚教訓習流士四萬養君子師五千以滅吳國則敗而復興也子囊北而全楚北固不可全楚則可也則敗而能全檀道濟曰三十六計走爲上計則敗而能走胡大海曰爲將須有怯時岳飛將戰聚諸統制計敵

之所以敗我者六七而着着防之則于敗中設謀慕容暐知晉勇于乘退故設餌以釣則又敗中用計揭靜叔曰敗時亦有善着誠哉是言不可不知也

時　天道何常在人善用之耳吳闔閭伐越冬月水戰用不龜手藥勝之崔浩伐蠕蠕度其背寒南抄濟軍與遇則用寒奇劉錡禦兀朮料其熱渴毒潁水草耶律楚材滅夏度天暑當疫預取大黃兩駝虜暴烈日攻順昌劉錡以鐵甲暴日中烙手乃出戰軍士分番服暑藥則用暑奇慕容皝襲弟仁于遼時頻歲三凍高詡勸其凌行海中三百里蒙哥侵蜀以土覆河

氷如履平地什翼健擊劉衞辰絙澌約氷撤葦于上有如浮梁羅通守居庸汲水灌城氷凝堅滑虜不能上女眞拒契丹淋灰爲城曹操渡渭潑沙爲城皆使之堅滑莫破也則用氷奇蘇定方擊賀魯遇雪令步卒攢矟外向李愬襲蔡盛雪令軍士飽食束衣甲韓世忠擣金于眞定乘其夜雪不備則用雪奇崔浩料薛永宗曰北風迅疾急擊則破王越襲鹽池風逆曰虜本南抄彼歸則逆我順可克如楊璇制寇馬尾揚灰韋叡擊邵陽焚魏橋棚兪通海戰番湖火諒帆艦則用風奇唐太宗曰天久雨弓膠將解虜可擊吳救

陳楚左史倚相曰天雨十日吳人甲集星夜必至孟珙襲石穴積雨未霽曰此雪夜擒吳元濟之時則用雨奇裴行儉知風雨暴至促徙高岡沈希儀常于淒風苦雨夜令人入猺中舉砲則用風雨奇劉錡斫金營擇長髯如胡者吹竹器爲號電起則擊電止則匿伏不動胡人終夜自殺則用電奇蘇定方襲頡利郭英破元兵遊子遠破伊禽則用霧奇尹繼倫躡契丹常遇春走擴廓楊粹守濮石勒襲幽以火宵行太宗擊虜潛夜冒雨則用夜韓擒虎襲采石戚繼光襲倭雞鳴蓐食樊文斌襲石穴中夜蓐食則用早夏攻靖

夏久晴無雪以數萬騎繞城踐塵潛穿地道則用晴
漢高祖困平城軍士因寒墮指楚師伐鄭涉魚齒寒
雨甚師凍徒盡夫差伐楚狂風大發車敗馬失大船
淩居小船沒水此固天時宜先避者然天之敗人如
慕容寶中山遁歸恃河爲限詎魏至而冰合遂追及
而敗項羽大破漢軍于彭城圍漢王三匝功垂成會
大風從西北起折木發屋揚沙晝晦而漢王遁而楚
敗天之救人如光武爲王郎所迫滹沱斷流適合渡
未畢而冰解慕容備德徙滑臺魏兵垂至流澌冰合
既渡魏而冰解說者謂有神功劉裕慮建康爲盧循

所襲將濟江返救風急曰天命助國風當自息舟移而風止此天定勝人也王晙討突厥遇雪恐失期誓天遂止雪反風而大獲陸法和征侯景將任約至赤沙湖風逆和執白羽扇麾風風遂反破之魏珪擊赫連昌會風雨從敵上來趙倪曰天不助人宜謹避之崔浩叱曰天道在人豈有常也破之此人定勝天也

天道何常在人善用之耳

兵跡卷五終

寧都魏　禧凝叔編輯

華境編

北境　直隸徐邳山東山西皆屬北境至今俱善使雙頭棍有標槍打手胡宗憲云北兵所長優于騎射試于東南水鄉及專行步擊則短又論者云燕趙東省之兵心怯氣粗好爭畏殺戰鬭不足修守有餘

直隸　保定箭手獨優騎射涿州河間則兼能焉故稱曰雄兵

徐邳　江北徐邳乃勁兵所產而徐州亦惟射長故

有徐州箭手之稱
山東　山東臨淄諸郡其民强悍樂于擊鬪勇于公
戰方軌列騎則長槍勁弩進如風雲可事馳逐惟不
事舟楫
薊　薊兵心怯氣平好逸惡勞短于野戰使之憑城
守險則善若欲馳騁郊原必多方設奇乃可取勝
諸邊　邊兵善守險習騎射守則用大銃火砲藝成
血槽戰刞不及虜馬弓矢惟用三眼槍燃擊虜馬一
少回頭須逐殺矣然慣于北地戰守若行南方則不
耐暑熱遇盛夏潦濕弓柔馬瘦惟俟秋氣盛乃可出

西境　西兵心強氣褊驍健信邪茍托神奇怪異夢卜讖數之說以倡之其氣乃倍然倘小利寡大義無事依人有警颺去須善遇之戰法小巧未足以當大陣惟揷入薊兵爲遊兵去來乃可有功

川　川兵心潑氣雄服勞耐苦涉險甚健有胆力善筅白桿子尤壯戰則當陣直前有進無退可爲陷陣摧鋒羅綱山蓮花寺僧兵尤多可用

中境　河南中州之地歷代帝王所爭其戰守備四方之法軍器亦隨具而有今懷慶弘農宣武彰德睢德兵皆驍健可用尤重毛兵僧兵毛者河南嵩盧等

縣有毛葫盧兵狠勇異常以竹片夾腿代甲所云毛兵也

礦　河南嵩縣涉縣及盧氏永寧登豐宜陽靈寶等縣有礦夫皆于礦塲爲爭爲防習戰鬬之事善戰

角腦　河南有角腦者平日所結皆强壯之士不必選擇以爵賞致之有舊罪者聽立功坐名而取計得角腦十人卽可得兵一千

淮　淮兵心褊氣壯好利不畏法難聚易散鬻鹽爲非未可深用

南境　楚屬湖廣在古爲南境兵善鉤鐮及槍弩之

技胡宗憲征倭嘗調之曰短兵相接倭賊甚精足制者惟湖兵鈎鐮槍弩然必動永保二司精兵以與北兵夾持均而配之使器械長短相濟自可有功

永保　湖兵以土司爲上土司又以永順爲上保靖次之其兵甲天下陣法每司立二十四旗頭每旗一人居前次三人橫列爲第二重又次五人橫列爲第三重又次七人橫列爲第四重又次九人橫列爲第五重其餘置後護呼助陣而已若在前者敗績則第二重居中者進補兩翼亦然勝負以五重爲限若五重皆敗則餘無望矣每旗頭標一十六人二十四旗

共三百八十四人皆精兵之選也其調發初檄所屬炤丁抽擇宣慰以白牛釁天而祭牛首置几上銀副之下令曰多士中有敢死衝鋒者收此銀啖此牛首勇者彙名報進更盟誓而食即各旗頭標十六人是也節制甚嚴止許擊刺不許割首違者與退縮者同斬故所戰必捷人莫敢攖但無鳥銃等制土官相傳自隋唐至明未嘗易姓世守忠義能謹奉中國令故無伐滅事其門帖有云心戀九重趾步敢忘燕闕北手提三尺英風長鎮楚天南嘉隆間嘗調之征倭雖沿途騷擾而無不虞之事湖廣九溪等衛容美宣慰

等司桑植安撫長官等司麻寮等所上峒茅等峒各
有驍勇
東南境　東南乃澤國習水戰蘇文忠云南方多没
人日與水居七歲能涉十歲能浮十五能没張時徹
云吳越之人以舟楫代輿馬以江海爲坦途又曰南
人使船如使馬其大船之山壓小船之鰍捷車船之
迴環如飛兩頭之順逆俱利猫竹毡革之堅固鹽泥
水城之濕滯隱人穴槳之用密與波濤出没之藝巧
舉不能悉如用之于陸地則惟可守險憑城緣山散
戰心惟怯力柔弱遇小警則思避動衆郊原大敵尤

未足語也

江南　江南太倉崇明嘉定有妙兵生長海濱習知水性出入風濤中如履平地

浙　浙江雖涉南境而屬在東偏浙兵心小氣高性靈而滑易于教習善長槍鈀牌步戰極精但少火器結以恩義則背捨命向前驅之非宜亦易于譁以金華義烏東陽為最三者義烏又勝之

義烏　義烏之兵其氣敵愾其習慓而自輕其俗力本無他簡練一旅可當三軍亦兵之最勁者

坑　浙兵以處州為絕勇而處州守坑之軍性尤健

鬪但不習水戰杭嘉湖販鹽者亦可用

閩　閩近海通番舶故多硝磺善小銃得倭地製造類能透甲洞堅初有籐牌可遮蔽槍刀矢石不能隔鉛彈復用環被以布絮之始可迎銃子而進矣戰法列環被張前以為屏蔽合陣如是有如墻堵銃砲皆從環隙打聞銃聲稍疎刀槍踵進漳泉福寧近海寇故又善水戰亦多水鬼能于水中潛行制敵下

莫大巴國是也

漳　漳之龍溪縣有海倉許林嵩嶼長嶼赤石玷尾月港澳頭沙版等處其人生而剛勇喜鬪重義輕生

籐牌出此善用善舞故名籐牌手形如雨蓋横可蔽身進戰每用滚法蹲伏轉遞牌嘗向敵所謂蛇行龜息敵不得刺是也故又謂之滚牌然長于衞已短于制人故各帶標槍數枝以爲警敵之具所云甫擲其標旋進其劍是也又各帶腰刀一所云上揕人胸下斲馬足是也今四方之人具習其法

廣　廣得諸番製造器械極精所産鰾膠形如掌片堅勁異常造牌及甲鳥彈不能入所造藥弩見血立斃海濱諸郡若增城東莞則茶滘十字滘番禺則三漕波羅海南海則仰船岡茅滘順德則黃涌頭香山

新會則白水紅水等處皆習寇通水戰善駕峻頭小艇往來波濤南頭等處尤多驍勇駕船者壯年皆有能逆風接潮而挺

長寧　江右長寧善用大旗桿長丈許布五六幅周匝綴利刃鉤每旗以一人持前數十人副之橫舉陣前五步之內旗展而兵進招捲掩掩矢石不能加槍刀莫能制挽敵衣甲急猝莫脫可因取勝所制者惟狼筅距而上拽而裂耳

西粵　西粵有田州甲最善自盔以下並以生牛皮爲之加以油灌甲大者特周胸背而已兩肩兩臂手

及兩股並別爲小牛角片置雲肩蔽手等名色蓋取其伸縮如意便于戰鬭者亦有以柳賓之緼爲甲裏以舊絮雜以松香熟椎千杵刀箭不能入亦有以永寧綿木爲槍刀柄細幹而柔韌長可及遠輕且不折尤善用燕尾牌以桐梡木爲之其長等人身其廣不滿尺其背如鯽魚其體甚輕便利刃不能斲矢石不能入善舞者側身而進運如鳥翼不必盔甲賊不能敗

四境　明時西北之兵恒與虜戰東南之兵恒與倭戰賀長白日易進易退不量敵而前一中敵而糜爛

者東南之兵也難進易退敵寡而前敵一多而縮匿者西北之兵也此顧一時之論在後則或異耳

辰　楚辰州多猺善戰故曰辰兵宋用辰猺秦再雄鎭辰撫蠻而荆無邊患明用辰猺爲將練精兵三百皆能被甲渡水歴山飛塹

兵跡卷六終

兵跡卷七

寧都魏　禧凝叔編輯

華人編

標　臨青北路一帶有標兵善騎射用駿馬小箭箭曰雞眼馬曰游龍往來飛馳分毫命中巨商大賈常募以護重貲彼與俱則豎紅標故曰標兵賊不敢伺有時爲逆卽是响馬刼掠孔道以鳴鏑爲號聞鳴鏑則响馬至矣矢不從後發每逾人之前行回鏃反向行路者須棄物走不則致命亦有善射者輒下馬步趨傍馬之側張弓向賊引而不發彼見之知爲能手

亦不敢動响馬與標皆勁兵也

僧　僧多用杖而兼通諸法者即爲僧兵今僧兵天下推少林第一其次爲伏牛要之伏牛因欲禦礦盜學于少林者其次爲五臺五臺之傳本之楊氏世所謂楊家槍是也之二者其刹數百其僧億萬夷狄盜賊咸有焉誠天下精兵淵藪也川蓮華亦有之

打手　四方行教者技藝悉精並諸殺法名曰打手苟招而致之不惟能戰并可教戰如廣州新會諸處者勇伴于狼故嘗雜于狼而稱雄焉

赤脚　赤脚兵善緣山慣裸戰用長槍鈀叉無弓矢

不乘騎有勇藝者咸推爲首不拘多寡有一總以至十數總之名悉因其技能而等第之如前者死則次者進補再有則列于末相繼不絕每欲戰爲首者輒持槍掠營大呼點槍頭則善戰老槍皆出作止各任其意亦無督責之法旣戰請總首咸于峰頭相望麾厲以需如勝則已不勝則奮槍以出此極精銳之選也然皆烏合之衆進則蜂擁而前敗則鳥獸而散亦能用包陣亦能打倒陣亦能埋伏路側槍桿粗長作戰則以左手持被右手拖槍頭而進及敵則擲槍以刺再拾再擲無甲胄之屬惟以布纏頭堅者亦可辟

矢石臨陣俱脫衣服以取輕便惟用環被張前不論銃箭迎鋒而進及敵則置被運槍其無被者惟見銃門烟起輒伏地以避鉛過聲息則大踏步一躍而至人不能防當騎兵每以數槍護一鈀三五人爲隊槍以刺人鈀以禦馬箭來則張環被以擋雖古麻扎刀撒星陣無逾此也故騎兵多畏之不知偵探但于所駐處凡係山高者俱揷旗瞭視有警輒搖旗相報兵即出敵意欲出外巡哨打撈謂之洒塘夜則使人于各路伏候謂之架梁又謂之藏青營中各置火徹宵使遠近照見謂之打營火衆以此安寢暇時輒爲松

烟叢熏之跛厚俱跣足不畏芒刺故名赤脚然始皆山間也出于江西之南贑瑞金會昌安遠龍南縣之登頭山長河峒打鼓岑及長寧縣之丹竹樓諸處與閩之汀州上杭武平永定縣之緣山諸處及廣之潮州平遠縣連子峒程鄉縣鎮平縣之石骨砦洲頭大帽山諸處但能附山而戰散劫分抄江河中原則未之敢逾也

被窩　被窩兵以環被蒙背背行而前兩手捏雙刀并二被角展轉擊殺手常在背背常向敵亦一奇殺法閩越多有之

賈　巨商大賈梯山航海不論外國異地凡係貿易之所處處有之賈于其所則熟其面貌通其語言知其性情習其嗜好稔其戰法戰具諳其山川路徑可備咨訪可爲鄉導可爲內應可作間諜況射利巧滑者過山越境智謀深沈防患精密武藝亦有高强尤爲彊埸之事之所取資也

盜　山谷之盜高憑險峻深匿塞林難與山爭川澤之盜揚帆鼓棹嘯聚淵藪難與水鬪飢寒之盜揭竿斬木楞則死進可以飽伺响馬之盜善于弓馬刼掠行道可以利誘他如礦盜偷金捍罔犯禁緩則僥脫

急則死鬬鹽盜窩海興販私利急則爲寇緩則竄伏珠盜偷珠出沒渡濠聚族水岸可爲水兵妖盜興妖左道惑世符咒療疾放光現相聚衆燒香抵死不悔俠盜結納招集亡命探丸借客上伺天子下傾公卿多智謀死士能出人不意劍盜輕捷步瓦不响開戶無聲入室不見用之登床敵榻取首竊臂無不可者諸如此類種種不一古招盜以成勁師用盜以建奇勳者豈少哉然狼子野心不可長恃當防背叛之憂耳

漁　漁人能游水騎波上下能入水與魚鼈同處其

有持器械于水內逐魚伐蛟則戰法自熟可用爲水兵鑿舟繫杭抽板起碇燃標發雷况閩浙人寓海以捕魚鹽近于倭國深爲防禦而習戰鬭者哉

猺　猺人善于緣山巧于制獸能用毒槍毒箭絆網踢圈窩弩陷穽鏢叉搭鉤可使升險可使藏山可蒙兕虎爲假獸出沒有謂驅騁則擊刺在其中張圍則陣法在其中射可以及飛鳥馬可以馳奔獸何難于寇古人寓兵于獵蒐貓獮狩有以哉

民　民不可戰以其未經練習也且易駭散故驅市人而戰須置之于無可走之地所謂置之死地而後

生也然必夾以精驍或以此爲誘或以此爲奇或抽選訓練教而後用不則徒成擒耳然有兵徒未集寇賊猝至不得不用則必令其有所憑守深溝高壘據城扼險加以遠到之器可制人而不可爲人制則彼氣壯心雄亦足自固一時迨習敵旣久然後使之乘虛間擊深夜潛襲亦可倖勝也

鄉　鄉兵卽民兵也未爲兵者卽民未附城者爲鄉苟于鄉地有警又無城池可守則自衛身家計急不得不致命拒戰是云鄉戰雖未經教練而稔其地勢扼塞聚于一處乘魯莽之氣一戰亦或可取勝但蠢

爾無知無長智遠略間有差跌即鼠竄矣惟有練軍先驅使彼爲正而此爲副乃可無虞如其地多寇警俗好爭鬬則攻擊之事日所素習久之自成勁師而莫敵矣所云官兵不如鄉兵與云其地多產勁兵職此故也

土　土戰者因其本土地勢或高山峻嶺或深淵巨澤或重關天塹或崖峒塞林總居其地則熟其地熟其地自能用其地而作戰因其地以設謀也但伐人必乘其虛守土當扼于險如本地搆釁土人角鬬固云土戰荆川雲貴苗獠慰所土司相鬬亦云土戰戰

法具各司戰中

農　古丘田出乘農戰法也內政藏令農戰法也府兵番上且耕且練農戰法也額設屯田世代耕戍農戰法也蓋農則日戰面貌足識夜戰聲音足聞且耕田力作之人有力可練習多樸忠耐苦不憚勞懷家鮮逃叛畏威奉法同井必相助互救士知將意將識士情有不可制挺撻堅甲利兵哉且兵出于農農自足以養兵是農戰之法士無不強糧亦無不充也

婦　婦女何能戰予兵經已列名將嘗用之矣但欲爲誘襲當以女前而隱其兵或廁少年之軍于婦人

內一如彼地裝飾從中猝發或以婦人男服持竿乘城撥運瓦礫或獲彼婦人列之于前彼軍顧惜則令其運土塡壕我軍從後彼不顧惜則迫其黠放銃砲擊打其軍或縱婦人使彼獲而迷淫俟其陰氣耗奪軍氣不揚乘怠擊之又淮鳳流民能走馬踏繩飛刀擲標百不爽一以爲戲者亦可助戰

童　習技須于小時以其手足柔而便也用能戰者夾于行間滾牌擲標舞鈀斫馬純用下截戰法則人所不能防人所不及制至用之偷營劫寨哨探襲伏尤爲便者

兵跡卷七終

寧都魏　禧凝叔編輯

上夷編

狼　西粵之狼兵于今海內爲尤著然多柳州水東岩之游民與廣州新會之打手兼嘉湖販鹽者流雜之眞狼不易得也眞狼爲丙甲丙甲必土官親帥乃出如東蘭那地丹州之狼能以少擊衆十出而九勝其土官法制大略如秦人以首虜爲上功其部署之法將千人者得以軍令臨百人之將將百人者得以軍令臨十人之將凡一人赴敵則左右人呼而夾擊

而一伍皆爭效之否則一人戰没而左右人不夾擊者臨陣卽斬其一伍之衆必論罪以差甚者截耳凡一伍赴敵則左右伍呼而夾擊而一隊皆爭效之不則一伍戰没而左右伍不夾擊者臨陣卽斬其一隊之衆必論罪以差甚者截耳不如令者斬退縮者斬走者斬言恐衆者斬敵人衝而亂者斬敵旣敗走佯以金帛遺地或爭取而不追躡者斬一切科條與世之軍政所載無以異而其旣也論功行賞之法戰没受上賞臨戰時躍馬前鬬因而摧敵破陣雖不獲級而首奪敵之氣者受上賞斬級者論首虜以差斬級

而能冠所同伍輒以其人領之故其兵可死而不可敗又云田泗二州狼最强凡奉調出征止取行糧無安家費每兵一日僅給銀一分二釐中國喜其勇而費省嘉隆時嘗調之然皆驕蹇無紀律所過剽掠故明舊制狼兵奉調經過之處不許入城有司不善遇之擄掠之患終于難免也又云善用藥標中則輒死人畜數犬標發壇地則犬啣以還故人雖數標屢用不絕又善用燕尾牌側身而前如鷙鳥而進敵雖墻立不能敗也又云以被蒙戰宿則覆體

岑　岑亦狼也岑狼家法以七人爲伍每伍自相爲

命四人專主擊刺三人專主割首所獲首級七人共分之割首之人雖有焔護主擊刺者之責然不必武藝精絕也餘法與諸狠同

苗　苗民善弩以桑木爲之長如担堅韌遠狠用肩負繩垂鉤張之更疊而射或附藥爲毒矢戰之者能制其弩乃可勝

麻陽苗　湖廣麻陽苗善用鉤刀

鐵脚苗　滇池有鐵脚苗其兵皆獠獞自小時日以熱桐油浸其蹠跰厚數寸度峭壁如飛猿雖鐵蒺竹簽履如平地刀劍不傷故名鐵脚頭纏布堅硬如鐵

臼內鐵橫直簪之披渾襢毬于膺前開袂奮迅如疾
翎雖攢矢不能入刀銃長五六尺許刀極犀利可截
層甲銃聲不甚猛烟發輒洞胸立斃諸器具皆飾白
金人肩長標槍各四五枝手擲之如袖箭可破竿竹
非至近不發發無不中中無不立死者食以水化乾
糧可數日伏不飢器用盡載馬上止營進戰別無剩
物軍令極嚴整萬口不枚肅肅如箸書士以金鼓鐃
角爲節無敢差寸武者刀銃各以班行不相混雜其
戰法皆蹲伏持滿如墻以待聽敵施器畢氣稍衰雖
百步一蹴卽至馬前先斫馬足騎相遇則以標擲之

立隊其馬形小而靈登陟俱解人意大都騎兵一人須二百金乃辦又云其居山谷峒口皆石笋竹簽徧地繃布惟鐵脚苗能履之出入他人則畏故其峒難破

猺　猺乃槃瓠後居百粤椎髻跣足衣班布種禾黍山芋爲糧岑磴峻險負物悉著背而以繩拴于額僂而趨上下若飛生兒卽秤鐵如兒重漬以毒水長大煅煉爲刀以肩負之仰刃牛項一負卽殊者乃爲良不改煉兒能行卽燒石烙其蹠能履刀劍不傷弩名偏架以一人蹶張爲藥矢中人濡縷卽死槍名桿槍

戰則相將而前無食輒出剽掠往往飄忽難以防禦
有生猺熟猺白猺黑猺數種生猺在窮谷中不與華
通熟猺與州民犬牙相錯通婚姻白猺類熟猺黑猺
類生猺道州府江各郡山谷為多

獞　獞亦槃瓠後與猺雜處風俗皆同善毒矢喜戰
鬪耕作亦佩刀劍本類相仇纖芥累世誤殺則以牛
畜相償謂之人頭錢流劫則糾黨糜起渠長先以銀
三錢給其家謂之槍頭錢在山什百嘯聚偵伺行路
跨無鞍馬謂之剗馬盜在水突出繫船挾貨謂之勾
船攻打村屯據而有之謂之打地耐飢寒啖鹽數顆

則不論草木俱可食遠遁絶嶠雖重師難以猝制亦
分生熟二種遍佈山谷熟者耕田納賦與漢人無異
强獷者乃爲剗馬盜又曰土宄以別外夷也
犵　依粤山林而處無首長版籍專事射獵不火食
蟲豸蠢物皆生食之每村中推勇力者爲帥曰郎火
餘第稱火器械與猺同而勇捷過于獞每出剽掠則
冐稱爲猺又犵党出入必以刀自隨小者尤銛利其
犵党犵狫之隨從如軍中行伍因名曰隊小
獠獁狚　獠獁一曰卽赤脚苗狚似狼然赤眉鼠目
狑𤝞狪又各爲一種

蠻　南方之夷曰蠻荊川雲貴百粵皆有之居山峒間曰溪峒蠻始唐時蒙舍詔之自王也王都羊苴咩城王出兵以清平子弟爲羽儀得佩劍清平者其國宰輔貴官也擇親信驍勇爲親兵用朱弩怯苴怯苴者韋帶也擇鄉兵馬爲四軍曰羅苴子戴朱鞮鍪負犀革銅盾跣足如飛百人置羅苴子統一人其師行齎糧羊五斤滿二千五百人爲一營其令前傷者養治後傷者斬是習武之法也蠻莫與爭强也丞昌西野之桑取以爲弓不筋漆而利越賧之西多箭草產善馬至今銅鐵器在在有之故弓劍矛戟名天下是

習武之物也蠻莫與爭利也戰則以望苴子爲前驅

望苴蠻　望苴蠻在瀾滄江西男女勇捷不鞍而騎善用矛劍短甲蔽胸腹鞮矛皆插貓牛尾馳突若飛

卭部蠻　卭部蠻最驕悍狡譎侵擾尙鬼酋長號都鬼主

尋傳蠻　尋傳蠻俗無絲纊履蹺蕀不苦戰則以竹籠頭如兜牟

裸蠻　尋傳蠻西有裸蠻能赤身戰

緬甸蠻　緬甸蠻用象嘗率象寇定遠

白烏蠻　白蠻阿塔剌所居半空和寨依山枕江元

兀良合台絶其汲道破之烏蠻合剌章其城三面臨
滇險而且堅又川貴蠻有天井水磨等峒竅最幽邃
蠻俱重鼓攻擊以鼓集衆號有鼓者為[redacted]而衆聽
其指揮焉

施沅蠻　施州沅州蠻用木弩藥箭所中輒斃戰鬬
蹻捷

五溪蠻　五溪蠻皆槃瓠種也即苗猺獞犵獠五者
環沅而居藝精者能擲刀空中接之名跳雞模有隙
相闘背牌護身遠擲標槍槍盡挺刃而前名對刀取
辰砂之顆堆者為箭鏃

板楯蠻　板楯蠻者居蜀巴漢之間又爲賓人閬中有渝水其人多居水左右天性勁勇善陷陣又以板爲楯故名

俚子　交州夷名曰俚子弓長數尺箭長尺餘以燋銅爲鏑塗毒于末中人即死少時即膨脹沸爛須臾燋煎都盡所餘惟骨耳其俗誓不以此藥語人苟中即飲婦人月水及糞汁時有差者惟射猪犬無他以其食糞故也燋銅者故燒器其長老惟別燋銅聲以物杵之徐聽之得燋毒者即偏鑿以爲箭鏑

山子　有山子夷人一名山野人無版籍定居轉徙

閩粵山谷間依山種畬射獸爲食男女椎跣謂止藍呂二姓互爲婚姻善毒弩熟山險可資山戰

蛋　蛋人出于蒼梧水中無土著捕魚而食自相婚姻恆以豚魚出市編爲魚戶供魚稅及官府搜舟之役有取撥則差持信票往涯際俟之其行水與陸無異可爲水兵前水戰中所云蛋人能宿也

達目　西粵達目乃出元降將吶哈諸王哥烈沙及其官屬之後明哈密之役土魯番使臣發廣西安插收入桂林中右二衞口外歸附者悉貰遣而來概謂之達目習騎射勇敢耐勞其戰法大約如其故地而

兼用廣西諸法

犛　南安有犛人踞祟義角缸峒出入由石坡險而峻一云有馬山鼓山旗山恒以馬山叫鼓山响旗山震動占用兵往往擄劫捷猛難敵

兵跡卷八終

兵跡卷九

寧都魏　禧凝叔編輯

島夷編

日本　中國東海中有日本禹貢爲揚州島夷漢名倭奴西近淮陽西南近閩浙西北近朝鮮南近琉球東北近毛人五畿七道三島附國百餘大者五百里小者百里多女寡男强大桀黠輕生好殺喜健鬪剽掠薩摩州爲最時寇中國瀕海一帶三四月九十月多東北風即發有矛盾木弓竹矢以骨爲鏃產犀象馬甲而刀銃極精善製火藥用火酒漬炒其發甚迅

點放無聲雖彈烏小銃類能洞甲貫堅叉所指處輒中無有虛發刀之上者名上庫刀山城國盛時富者選各島名匠延置學之其間號寧久者佳世代相傳以此為上次者名備前刀有血槽者佳刀上或鑿龍或鑿劍或鑿八幡大菩薩春日大明神天炤皇大神宮等像以為美觀俱可辨識然有大小數制每人有一長者謂之佩刀刀上又挿一小刀以便雜用又有刺刀長尺者謂之解手刀長尺餘者謂之急拔此三者乃隨身必用者也其大而長柄者乃擺道所用可以殺人謂之先導其鞘而皮室者皮條著之或佩之

于肩或執之于手乃後隨所用謂之大制其成各刀
也有以十倍煉一有以數十倍煉一以至百倍煉一
煉之愈精其鋒愈利蓋不吝鐵不惜工不靳價惟求
器之精貧者乃執下刀又傳海上人云凡倭生子卽
以鐵廣具怒灘中子長取以制刀水急日久鐵屋灌
磨已淨所存惟有精者故極鋒利子十歲卽教之擊
射以戰死爲榮其戰法疎散跳躍詭譎衝突舞刀橫
行故人望股栗其隊法不過三十人每隊相去一二
里吹海螺爲號相聞卽合互相救援故人莫能制亦
有二三人爲一隊者其列法最強爲鋒最強爲後中

勇怯相參故難衝掩臨陣又以善舞刀者在前冒突其行法必單列䟦步遠引而整故占數十里莫能近馳數十日不為勞行城不近堞以防礮石行衢避委巷恐有暗伏故難襲擊其布陣必四分五裂以螺聲為聚散或為蝴蝶陣以白扇為號前一人麾扇眾即舞刀而起向空揮霍誘人倉皇仰首觀之則從下砍來或為長蛇陣前耀百腳旗以次魚麗而進用兵任巧術衝陣必伺人先動而後突入故乘勝長驅對營先遣一二蹻捷者跳躍蹲伏以空人之矢石銃砲又每用怪術若結羊驅婦之類當先駭觀俟吾目眩而

彼器忽乘善設伏凡一墻一木之下恒伏焉善爲包陣戰酣必四面伏起突遶陣後或分人爲我軍從後屬來使我誤識或分人爲我軍援師衝圍而來賺人賺城其用器也弓長矢巨近人則發故射命中運雙刀則上誑而下反掠故難格鉅槍不露竿忽擲而前故不測其出掠也每日雞鳴早起蟠地會食食畢夷酋據高座衆皆聽令據册展視今日劫某處某爲長某爲隊薄暮而返各獻所劫財物毋敢自匿夷酋較其多寡而贏縮之其宿食也必破壁而處乘高而瞭故襲取無機其退歸也劫掠將完則焚燬而遁使人

方畏其酷儆而不知其已抽去矣故難邀追其用計也百態將進取則斂跡將退收則張揚故嘗橫破舟以示遁而突出金山之圍嘗造竹梯以示攻而旋有勝山之去將軼逸則逼城欲陸走則取棹或爲穽以坑馬或結稈以絆奔或種竹簽以刺逸嘗以婦女財物爲餌故能誘吾軍之進陷而樂罷吾軍之邀追其用人也亦巧詐施恩附巢之居民故虛實洞知賞豐降虜之工匠故器械易具細作用吾人故盤詰難向導用吾人故進退熟其擄劫也預籍富室之姓名而次第取之故多獲擄得飲食必令我民先嘗恐有毒

也擄得婦女必酒色酣睡擄得吾人必開塘而結舌髡鉗如彼莫辨其非倭故歸路絕擄得我民引路取水旱暮出入按籍呼名每處爲籌一扇登寫姓名分班點押故難逃脫其于敗也委以金帛而逸之餌以僞賊而逸之我軍亂則返乘倘嘗被一重圍矣始吹螺聚衆攢簇一處誘圍漸近又吹螺聚衆緊合俟鬪者再過始覔薄處併力衝出遂莫可遏止其奔散也或被蓑頂笠沮溺田畝或雲巾紵履蕩遊都市使單士或愚而投賊或疑而殺良其冦掠返島皆云做客回矣凡被擒殺者皆隱而不宣其隣不知猶然稱賀

可制者要知眞倭甚少不過數十人爲前鋒若能勦
其前鋒則餘易與矣且長于陸而不長于水其舟之
裙檣左右悉以布帛被褥濕而裹之以拒焚擊舟甚
小隨波震盪火器難施我用大舸可犁而沈亦能虛
舟張弱篾以空發吾之先鋒然貪于擄劫得物即返
船苟備兵水側遇登岸即襲奪其舟燬之則魚遊于
釜步以計制可無噍類矣

蝦蛦　蝦蛦近日本居海島中其鬚長尺許珥箭于
首令人戴瓠立數十步外射無不中唐太宗時與日
本同貢

琉球　泉州東海中有琉球大小三國國王有三曰中山王山南王山北王後中山併而爲一人皆深目長鼻相貌類胡而去髭鬚黥手羽冠毛衣不知節朔視月盈虧知時視草木榮枯計歲王所居地曰波羅壇洞塹柵重疊樹棘爲藩環以流水好鐵器擊鬪剽掠

東番　東海再遠有東番居海島地恒陽冬夏皆裸無君長拜跽禮無文字麻日計月圓爲一月十月爲一年久則忘之耕畬種禾以山花爲候耕時悉不言曰祈稔道路以目男女雜作黙如也禾熟乃啟口聚

族為社恒至千人視子女多者為雄長晝夜學走足繭爛內倍厚能履棘疾馳終日不喘日可數百里善標槍桿五尺鋭其末傅以精鐵出入不釋手與鄰社有隙刻期而戰傷殺不貸戰已即釋怨往來如初無纖芥眦睚有所斬獲則懸首于戶以表戰功髑髏累累者為壯士

瓜哇　占城南海中有瓜哇古闍婆國東至女人西至三佛齊南古大食北占城所隸有蘇吉丹打板打綱底諸國東西二王分治跣足席地出入乘象牛或腰輿壯士五七百執兵器以從民有名無姓氏面目

黎黑男子被髮女子椎髻喜食蟲物與犬為友尚氣敢鬬產西洋鐵用摺鐵刀鐵槍無騾馬以白象為寶兩國爭象則治兵相攻

眞臘　占城南海中有眞臘國或稱占臘自稱曰甘孛智今名之曰澉浦地廣七千里北抵占城西南距暹羅俱半月程南距番禺十日程性氣捷勁其俗無衣被單馬皆裸體跣足右手執標槍左手執戰牌別無所謂弓箭砲石甲胄之屬嘗與暹人相攻皆驅百姓使死戰亦別無智謀勇略其主身嘗篏聖鐵縱使刀箭之屬著體不能為害王出軍馬擁其前旗幟金

鼓譟其後亦使宮女執標槍標牌爲內兵又成一隊

三佛齊　東南海中有三佛齊一名浡淋一名舊港本南蠻別種有州十五西距滿剌加東距瓜哇其初爲瓜哇屬國四時之氣多熱少寒無霜雪番賈湊船之所累甓爲城柳葉覆屋不輸租賦有所征隨時調發文字用梵書習水陸戰臨敵敢死好遊好鬬控扼諸番往來咽喉若商船適不入則出船合戰有良藥官兵服之刀箭不能傷

浡泥　西南海中有浡泥古闍婆屬國當赤道之下統州十四以板爲城以銅鑄甲甲狀若大筒穿之于

身以護其背腹國隣底門國有藥樹取其根煎爲膏服之及塗其體兵刃所傷皆不死

蘇門答刺　占城西南海中有蘇門答刺一名須文達那地方二千里跨赤道氣候濕熱無城郭土瘠不稔五穀西洋賈船寄徑其酋長人物修長十日之內必三變色或黒或黄或赤每歲必殺數十人取血浴之則四時不生疾病好殘殺民皆畏懼中國之人少往焉

佛郎機　占城南駛海二十日有佛郎機與瓜哇國相值初名南渤利國善銃大可摧木石細可彈鳥雀

明正德間海道汪鋐求廣人之久其國者楊三戴明得其製法頒式各邊因其國名之今之大小佛郎機是也

馬路古　東南海中有馬路古無五穀磨木粉爲丸名曰沙穀之米有大龜介可爲盾禦敵

兵跡卷九終

兵跡卷十

甯都魏　禧凝叔編輯

近國編

亞細亞　亞細亞卽中國所處大地總名也佛氏稱爲南贍部州西儒稱爲大智納寓內五大州此第一也起瓜哇赤道南十二度北盡冰海近北極之下大國百餘環中國而居其西北一帶總爲韃而靼又曰北狄西戎山十之六而過水十之一而不及平地多沙氣候甚寒無城郭宮室以毳帳爲居逐水草遷徙嗜馬肉貴者道渴卽刺馬血而飲匈奴之族雖遷徙

無常然亦據一地以爲之庭猶京邑也遇戰爭游獵乃隨地而出事已歸舊設險據要與中國同惟無城郭韓安國謂其至如飈風去如收電最難制者高闕又曰北狄散居野澤隨逐水草戰則與家業並至奔則與畜牧俱逃是也白虎通云狄者易也言辟易無別也說文云狄本犬種故字從犬以畜牧爲業隨逐水草無文書俗簡易以言語爲約束然有分也射獵禽獸食肉衣皮習於攻戰此天性也漢敘西域有城郭國有行國行國者馬上爲國也東西南夷皆有城郭惟北虜近代始爲之

女直　中國遼陽東北爲女直古肅愼氏初名朱里眞番音訛爲女眞漢曰挹婁元魏曰勿吉唐曰靺鞨宋仁宗後改曰女直族有六部曰渟海別種又曰三韓辰之役拏氏因姓拏世居混同江東混同江水微黑近江者因名黑水部即金祖也唐時又稱黑水靺鞨阿骨打起以其國產金及有金水源故建國稱大金東濱海西界渟海鐵離南抵朝鮮北接室韋有五嶺喜昌石門之險在兀良哈東故曰東虜明分爲三種居海西者曰海西女直居建州者曰建州女直極東最遠者曰野人女直酋有大野人小野人北關南

關建州及黃頭室韋盲骨子之屬又居混同江者爲熟女眞北爲生女眞其俗往往而異地極寒多穴居衣皮逐水草射獵爲業而勇悍貪詐殘忍善鬭耐飢渴苦辛則建州爲最國無鐵有鐵及鐵器械必厚價求之弓長四尺弓力不過七斗箭長一尺八寸鏃至六七寸形如鑿入則難出又云矢用楛以青石爲鏃非五十步不射射則應弦飮羽浮馬能渡江河上下巖壁如飛故云其馬兼水陸之長有狗車形如船以數十狗拽之往來遞運有木馬形如彈弓繫足激行走及奔馬二者俱可冰雪上行故云有狗車木馬輕

捷之便壯者悉爲兵平居畋獵有事下令徵集凡步
騎材糗悉各自備十五百皆有長五長擊柝十長執
旗百長挾鼓千人將則旗幟金鼓悉備部長曰勃堇
行兵則曰猛安謀克猶言百夫長也用法嚴五長死
四人皆斬十長死五長皆斬百長死十長皆斬國有
侵伐酋長皆適野環坐畫灰而議自卑者始議畢即
漫滅不聞人聲軍將發大會而飲使人獻策主帥審
而擇焉合則命之爲特將師還有功者賞金帛先舉
以示衆衆曰少則增之不論在外在內飲酒會食貴
賤略不間別與父子兄弟無異故謀議情通凡戰以

戈為前行號硬軍刀劍繼之弓矢在後長短相制遇敵則二人躍馬而出以觀陣之虛實乃四面結隊馳擊百步之內弓矢齊發其初始于宋時爲國最微正朔不及不知歲月問年則曰見草青幾度初起有戎器而無甲冑得遼叛者乃有甲五百止有騎兵千餘無步卒以小木牌刻人馬號五十人爲一隊前二十人重甲持矛後三十人輕甲操弓矢然法嚴謀密騎技皆長所攻立破故曰女直不滿萬滿萬不可敵後浸盛攻宋類至數萬兀朮時精兵被重鎧號鐵浮圖戴鐵兜牟周匝綴長簷以三人爲一伍貫以韋索三

騎相連號拐子馬惟以女眞爲之每戰酣突出皆以此取勝曰長勝軍作戰堅忍耐久每戰非累日不決勝不遽追敗不可亂不立成法分合出入應變周旋人自爲戰所以恒勝惟韓世忠令軍士以麻扎刀下斫馬足曰一馬仆二馬不能行以破其拐子吳璘曰金有數長堅忍弓矢馬與他敵戰陣旣交勝負立分惟金不然乃爲三疊陣以更番制其堅忍以强弓弩制其弓矢以車制其騎張威又爲撒星陣以禦其騎鉦散鼓聚金聚則聲鉦金散則聲鼓倏忽分合金騎莫錯遂破之其國禦契丹嘗以水灌灰爲城至今軍

士兜甲衣服弓箭器械悉著字號名姓退怯者隨摘一物返時自可按名第罪且敵得之則知姓名無可逃避亦一大法也

海西　其居腦溫江者爲海西女直乃生女直也略事耕種可木以下以樺皮爲屋行則馱載止則張架以居養馬弋獵爲生然貪詐殘忍少有忿爭則彎弓而射而勇悍善闘耐飢渴辛苦則于女直中爲最

野人　野人女直去奴兒干三千餘里與諸女直稍異不專恃射獵屋居耕食性剛而貪喜生啖髡髮僅留一小辮于後無文字賦歛科發射箭爲號事急則

三射之多以牛驢負物遇雨張皮縵則射獵急則戰
鬪宗室皆謂之郎君事無大小咸屬之
黃頭　黃頭在黃河東號合蘇館女直又謂契丹徙
其種于咸州東北洓江扺淩而居謂之黃頭髭髮皆
黃目睛多綠亦黃而白疑卽黃頭其人戇朴不別死
生金人每戰皆被以重凱令爲前驅亦謂之硬軍
室韋　女直北爲室韋其人輕捷一跳三丈又能于
水中立臥浮遊善水戰
浡海　浡海乃女直別種多智謀驍勇三人當一虎
契丹阿保機每戰用爲前鋒有肅愼城在其國三十

里亦以石累脚

盲骨子　唐爲蒙兀部契丹時爲蒙骨國人長七八尺生食麋鹿其目能視數十里與金僅隔一江嘗渡江寇之

朝鮮　中國遼陽東爲朝鮮箕子受封之地秦爲遼東外徼漢置眞番臨屯玄菟樂浪四郡晉末爲扶餘別種名高麗者併之遂名高麗五代時又併新羅百濟北接女直南隣日本東至海西至鴨綠東西二千里南北四千里俗柔謹明禮義好仁惡殺庶民子弟未婚者夜讀書畫曹習射故弓馬極精兵器疎簡惟

强弩大刀

契丹　中國遼陽北曰契丹國庫奚莫東漢時爲匈奴所破保鮮卑山魏號曰契丹至宋建國曰遼地有横河土河馬盂山長白山俗與奚靺鞨同阿保機起上京東二百里地名世里立漢城于巖山惟重耶律蕭氏二姓五季時唐莊躐之見其宿于野次布藁于地迴環方正有如編剪雖去不亂克用歎其法嚴中國莫及也元葉隆禮志遼民年十五以上五十以下皆籍爲兵三月三日以木鵰兎分兩朋馳射以較勝負名曰淘裹化言兎射也折木稍屈爲弓以皮爲弦

削櫟爲箭簳韄勒輕快便于馳走行軍不擇日用艾和馬糞于白羊琵琶骨上炙之炙破則出不破則止每遇午日乃起程調發用金魚符馬上傳命用銀牌每南侵不啻十萬人餉皆自齎國主入界步騎車帳不從阡陌一槪同行大帳前及東西面差大首領三人各率萬騎散行遍百十里內外覘邏謂之攔子馬戎女吹角爲號衆則頓舍環遶穹廬以近及遠不設槍營塹柵之備夜則出攔子馬遠探以聽人馬之聲每行軍聽鼓三伐不問昏晝一布卽行將逢大敵不乘戰馬俟近乃騖馬有餘力敵成列不戰俟退而乘

慣伏兵斷糧道及冐夜移柴上風舉火燒餉退敗無恥散而復聚寒而益堅此其長也

韃靼　中國之北爲韃靼本東湖種落不一名稱代殊夏曰獯鬻殷曰鬼方周曰玁狁秦漢曰匈奴唐曰突厥宋屬契丹蒙古建國曰元明曰韃靼五代鮮卑元魏蠕蠕皆其類也世居烏桓北地跨沙漠東抵兀良哈契丹西連撒馬兒罕以其界山陜諸邊之北故曰北虜族出沙陀別種種分爲三有黑有白有赤元成吉將相則俱黑部人也無城郭宮室地寒以毡爲穹廬隨水草畜牧衣皮毛男女悉髡頭以爲輕快人

不甚長視草青爲歲月圓爲月不知文字耐飢寒食一絡彈飲水一升可度二三日冬夜卧雪中縮其手足雪雖厚數尺不言冷弓用桑榆爲幹野牛之角爲角制長而弱好者經十餘年不壞矢以柳木爲之粗而大鐵鏃有闊至三四寸似釘似鑿陣中人不數矢矢不虛發弦以皮條爲之粗而耐久弓弱矢强彀至極滿必待三十步乃發洞胸貫甲百不失一五十步則不射甲冑以鐵爲之或明或暗矢不能入弓函有匠矢則人人皆能皆我中國中行說教之也刀倘犀利不倘光明有鉤槍柄長五六尺刃數寸可刺挽有

鉤竿可緣城有弩專射獵戰陣不用無金鼓用木爲觱栗如中國銅號頭吹以合衆聲聞更遠無旌旗惟王及台吉有坐纛無導從服飾等級其行如雁列不辨上下最重馬見一良者不惜以三四馬易之旦暮剪拂出入不騎惟供射獵戰陣之用秋高馬肥不急馳騁恐其虛膘易憊每日控二三十里俟其微汗然後放草令其脂膏凝聚于背腹小而堅臀大而實乃儘力奔越不喘經緯七八日水草不足而力不乏兒五六歲即教之乘騎爲鞍如斗四圍高五六寸乘兒于中馬逸不墮長則教之蟠鞍彎弧鳴鏑逐獸下馬

控拳張擘又稍長以射獵爲業精勇者虜王台吉皆以衣食推之將大舉則合婚姻于與國始則王令人持三尺之梃兼程約諸部酋集幕莫敢愆期至則共議所掠既定散歸各備弓矢牲畜依期而會王纛列中諸酋纛橫列如雁同祭纛下乃議先犯之處不令衆知如欲犯東先向西行數舍乃翻然東轍曰惟余馬首是瞻將入塞先營老弱以守軍需乃遣輕騎潰垣而入伏精鋭塞內令數十騎且前且却誘我入伏或竟深入三四百里如迅雷疾風或散掠墩堡遽反大巢如兎之爰脱或合衆頓城下酋首親臨四面攻

圖各有分地令勇悍不別死生者以鉤緣城次則持刀繼之旁皆引滿上向以備緣城者乘守拒擊引滿者輒射之守者少隕城下屬乘齊鳴呼聲動地遂蟻附而登歸則上所獲于長長上于王莫有匿者王得若干餘以須長長得若干餘以須衆功輕者陞把都兒漢重者陞爲威靜打兒漢再重者陞爲骨印打兒漢最首者陞至威打兒漢而止來則彌山遍野萬馬齊驅直入蹂陣稍弱則旁擊分抄隨意所向中者用鉤槍刺挽右則彀弓以待左則握刀以須每三人爲一隊長短相雜然生長鞍馬不能下馬步鬪故一人

備三五騎多者八九騎倘一人折馬衆必以餘馬乘之不然酋首必重罰有被創者危在呼吸衆必捐軀以救受援者不論台吉散夷皆敬如父母且盡以其貲財報之世世德其人酋長于羣夷獲則同其利羣夷于党伍危則同其害千人一志故多勝此蕭泰宇所志也又或云其徵發兵馬及科稅雜畜輒刻木爲數併一金鏃箭蠟印封之以爲信凡舉事隨月盛壯以進攻月虧則退兵

蒙古　蒙古即韃靼黑部所謂元成吉主將相皆其人俗本韃事政大概皆同侵金時金亡臣始敎其歲

月文字賤老喜壯無私鬬髠髮留三搭在前者長則剪生長鞍馬人自習戰無步卒悉是騎兵起軍數十萬初無文書自元帥至于百戸牌子頭傳令而行地豐水草宜羊馬馬生一二年卽于草地苦騎以教之却養三年乃再乘騎教于初故不蹄嚙千馬爲羣寂不嘶鳴下馬不須控縶不逸日不芻秣夜方縱之于野隨其行食曉則搭鞍乘騎不以豆粟爲飼恐其足重走不疾人有數馬日輪一騎馬不困疲出師不需糧食飢渴則飲馬乳一牝可飽三人或宰羊爲糧有一馬者必有六七羊有百馬者卽有六七百羊南侵

食羊盡則射獵禽獸故屯師數十萬不舉烟火因掠
中國人爲奴乃擄米麥爲粥其國亦有一二處產黑
黍米亦可煮爲解粥至軍裝器械國王止建一白旗
九尾中有黑月出師則張設一鼓臨陣乃用其下必
元帥乃賜一旗餘不得用王鞍馬帶以黃金盤龍爲
飾鞍橋以木爲之極輕巧弓必一石以上箭用沙柳
爲笴手刀甚輕薄而彎產達弓撒袋鍍金鞍轡凡征
伐謀議先定于三四月間行令諸國又于重五宴會
共議今秋所向各歸其國避暑牧養至八月咸集都
會而行攻城先擊旁邑小郡掠其人民每騎必掠足

十人乃止每人需柴草土石若干以塡壕塹立平或供鵝洞砲等用不惜數萬命攻城立破然性慘刻城池先迎降則已若敢有以一矢加遺須攻破者則不問老幼姸醜貧富逆順悉屠之臨敵不用命者雖貴必誅有所得則均分留一獻主餘者敷俵宰相等在沙漠未臨戎者亦有之其精兵戴鐵浮圖馬被鎧長刀大鏃一望如冰行則乘車以息馬力戰則擁盾而前槍矢踵進山澗小溪實以鐵槍相鎖爲橋出師貴賤皆帶妻孥而行以管東裝貲張立毡帳收卸鞍馬車駝等物俗敬天地聞雷鳴則恐懼不敢行師凡韃

韃地跨沙漠沙漠橫直數千里闊數百里中枯旱無水草師南侵則必載水草而過貴者道渴乏則刺馬飲其血馬亦多傷斃故虜以渡此甚艱制之者期逐之于漠外則侵犯自鮮矣唐張仁愿築三受降城使漠南無王庭明成祖三犁虜庭至南望北斗而還亦此意也其後自相角立瓦剌和分爲二矣

黃毛韃　再北有黃毛韃則別種也性兇悍善戰伺韃深入輒掠其后韃屢爲所苦以故不敢輕動中國陰食其利焉

兀良哈　中國薊遼北爲兀良哈春秋時山戎秦爲

遼西郡北境漢爲奚酋所據後屬契丹元爲大寧路北境明初爲兀良哈因其降附置泰寧朵顏福餘三衛東接海西抵開平南界長城在女直西故曰西虜後爲元裔虎墩兔憨揷入又曰揷虜明成祖靖難從征有功因俾泰寧等地與之惟朵顏最强能騎射慣偷剽性反覆時盜鞿馬不能獨爲中國患但屢導虜入苟厚賜予反以虜情告我得預爲備故待之法逼則入于虜信則墮其計善撫之乃可用爲間

西番　中國之西曰西番一名烏飛藏漢曰羌唐曰吐番元爲郡縣凡百餘種散處河湟江岷間質樸魯

吏治無文字衣毡裘居毳帳務耕牧喜啖生物性獷好鬬貴壯賤弱重兵死以屢世戰没者爲甲門臨陣奔北者垂狐尾于首以示辱在烏思藏長河西魚通寗遠諸處者則明盔明甲刀劍在朵甘思則明盔長刀在董卜韓胡則明盔鐵甲遮甲産馬少茶與中國互市待茶爲命以故不敢叛

西羌　本三苗種舜徙之于三危卽漢金城之西南羌近甘肅地又云其先本戎賤主牧羊故字從羊濵于析支至于河首綿地千里南接蜀漢徼外蠻夷西北鄯善車師諸國其俗氏族無定或以父母名爲種

號無君臣無相長一強則分種爲酋豪弱則爲人部落更相抄掠以力爲雄殺人償死無他禁令其兵長于山谷短于平地不能持久而果于觸突以戰死爲吉利病終爲不祥耐寒同禽獸也

婼羌　近陽關者曰婼羌山有鐵自作兵兵有弓矛服刀劍甲國王號云胡來王

鄯善　善戰多驢馬橐駝能作兵與婼羌同

哈密　西戎種類不一哈密故伊吾盧地唐爲伊州西距土魯番東接甘州爲西域諸國咽喉凡西域入貢者必哈密譯其文乃發俗以土爲屋其部落有回

回畏兀兒哈剌灰三種明分為哈密曲先罕東罕東左四衛性獷悍通諸國戰法戰具然恒為土魯番所苦

火州　中國甘肅西北有火州國故土魯番地漢車師前王地晉屬高昌郡唐為交河縣後為蒲類縣明為火州國東距哈密西連亦力把力東南至肅州文字同華夏面貌類高麗産馬及鑌鐵刀兵器有弓箭刀盾甲冑好騎射亦與中國通市以馬易茶無茶五日渴疾不汗死故不敢廢市為患

土魯番　在火州之西成化以後部衆稍強屢奪哈

密城印然其地至哈密尙十餘程中經黑風川水草

俱之勢難遠據

回回　中國西北出嘉峪關經哈密土魯番有加斯

爾加國革利哈大藥國加非爾斯當國杜爾加當國

查理國加木爾國古查國滿加剌得國總稱回回焉

人皆習戰喜鬭惟默得那爲回回祖國有城池宮室

田園市肆風土頗類江淮以事天爲本亦有好學者

宗馬哈默之教麻與大統麻前後差三日諸制作及

兵戰器械俱精絕

新得　劉郁西使記元主弟地烈西征六年拓地數

萬里有新得國地無水隔山嶺鑿井相沿數十里下通流以溉田屬城三百亦惟擔寒西山一城名乞都不孤峯峻絕矢石不能及其兵皆刺客俗見勇壯者以利誘之手刃父兄然后充兵始以酒醉其人扶入窟室娛以音樂美女縱其欲數日復置故處醒問所見教曰能為刺客死則享福如此因授以經咒蠱其心志死無悔也潛使之未服國必刺其主而後已

西域　中國之西曰西域善巨礮攻堅城立破元阿里海牙攻襄陽得西域人亦思馬造之礮重百五十斤相地勢安立機發聲震天地所擊摧陷入地七尺

高臺遠墩長江大河俱可安打今襄陽砲是其制也

詳礮戰欵中

天方　近黙得那有天方古筠沖地一名西域其地四時皆春用回回厤產馬高八尺人以馬酪和飲食多肥白男女辮髮用明盔明甲

大宛　大宛先不知用鐵後得漢使亡卒乃教之鑄作兵器產善馬俗出入乘象戰則馬象間列

大夏　惟置小君長其兵弱畏戰

天竺　中國雲南之西曰天竺即佛國也精飛梯地道木牛流馬之法又曰即身毒國亦產象騎象而戰

百爾西亞　中國西南曰印弟亞天竺五印度也印度河西有百爾西亞明初名罷鼻落爾亞幅員甚廣都城百二十門乘馬疾馳一日不能周喜勇好殺嘗伐回回斬首五萬累其髏爲臺又一日獲鹿三萬亦壘其角爲層臺以示勇云

如德亞　亞細亞極西近地中海者爲如德亞其史能記六千年之事言人多賢達西有達馬斯谷國產刀劍善戰城有二層大樹糾結縝密無罅峻不可拔

莫斯哥　亞細亞之西近北極有莫斯哥國東西萬五千里南北八千里分十六道夏至日日長夜二刻

而止冬至日日短日二刻而止與骨利幹國煮羊胛不熟尤短焉氣嚴寒行者血脉皆冰湊入温室耳鼻輒墮必先以温水浸解惟王曉文貴戚大臣以下皆不得讀惡過于王也兵强勇蠶食諸國所造火攻具長三十七尺一發之藥可二石容二人除內

女子國　西舊有女子國曰亞瑪作搦俗以春月納男子生男輒殺之女則育之驍勇善戰嘗破一名都曰兀弗俗祠其地宏麗無比爲天下異觀今亦爲他國所併

占城　中國雲南東有占城古越裳氏界秦爲象郡

林邑漢屬日南唐爲占城南距海西抵雲南南接眞臘北枕安南東北至廣東人性兇悍果於戰鬬俗出入乘象亦乘象戰產猛火油得水愈熾國人用資水戰

暹羅　占城南爲暹羅暹本漢赤眉遺種與羅斛乃二國以地瘠仰給羅斛元至正始併爲一地方千里氣候不正俗尚侵掠聲音類廣東大小事咸取決于女子明成祖因其貢遂賜以列女傳暹好樓居樓皆密植梹榔貫藤爲冈喜浮圖習水戰

安南　中國之南有安南秦爲象郡漢爲交趾明爲

安南省東濱海西至老撾南接占城北連思明東西
二千八百里南北一千七百里憑祥鎮南關外皆其
地也夷獠雜居不知禮義爭奪兼併輕悍善戰剪髮
文身足皮甚厚登山如飛不畏芒刺善水有能潛行
數百里者無城郭以鐵竻木作排柵三層爲外衞每
州有縣官司巡徼之事曰將埏司兼領士兵有警則
悉驅丁壯以往器械悉自備無弓矢惟藥弩標箭神
槍火箭亦有操白挺者其旌旗黃黑青色鏃色四脚
中畫星宮天神羅刹之像呼集兵衆則以大竹爲筒
叩之雖遠皆聞産象每爲象陣明朱能始以畫獅蒙

馬翼以神銃破之繼則張輔戒先驅合軍持滿一矢落其象奴再矢披其象鼻破之元陳孚有詩云陟嶠輕于鹿沔波疾似鳧國尉青盤護軍振白挺驅揭旌圖鬼像擊柝聚兵徒迯其戰法甚詳又有鼻飲頭飛之說蓋言峒民有頭能飛以兩耳爲翼夜往捕魚爲食曉返于身如故但頸下有紅線微痕耳

奇羅　南有奇羅征伐皆乘象每一隊象百頭每一象百人衞之

兵跡卷十終

兵跡卷十一

寧都魏　禧凝叔編輯

遠邦編

歐羅巴　歐羅巴一名大西洋在中國西北數萬里外西儒稱爲寓內第二大州也居赤道北南北一萬一千餘里東西二萬三千里共七十餘大國皆事天好學好格物遠遊男子二十以上衣純青武士得用雜色馬倘牝飼以大麥及稗不雜芻豆恐其行重行不疾善火砲今之大小西洋砲是也亦有黠放無聲者器械俱精巧用力少而成功巨者不可悉數

拂郎察　其西北爲拂郎察周一萬一千餘里分十六道屬國五十餘有名王類斯者以火攻伐回回大破之佛郎機銃一謂原于此也

西齊亞里　西有島曰西齊亞里富饒多五穀號爲天倉昔敵嘗駕艘攻之有亞而幾黙得者極顯智以意造一大鏡埳凹其中斜受日光對敵映射須臾光熱火發數百艘頃刻燒盡名曰火鏡今中國傳其製特小者可取火耳

哥而西加　哥而西加島產獒能戰一獒當一騎騎戰以獒彌縫

亞勒瑪尼亞　拂郎察東北有亞勒瑪尼亞氣候甚寒冬居温室人多散投他國性忠實有力善戰肯捨死諸國皆選此衞王宮王城出征則爲帳下親士而以本國者參焉

羅得林日亞　其屬國有羅得林日亞尙奢侈造火攻之器甚巧頃刻四十發

雪際亞　歐羅巴西北有雪際亞分七道屬國一十二好遠客狠鬬

紅毛番　歐羅巴西洋海中有紅毛番曰紅毛島夷明萬歷間同和蘭佛郎機並達中國地方數千里少耕多賈甚富紅髮長身深目藍睛高

鼻赤足性狠鷙驍勇好戰往來抄掠恒佩劍善者值百金舟上跳躍如飛登岸則不能疾船長二十丈四桅皆三接以布爲帆上建大斗可容四五十人繫繩若堦上下瞭望可擲打標石水工有黑鬼善沒能行水中數里船旁設墻列銅銃大數圍者一二十具鐵彈重數斤舟觸之成粉器械多精利以其强入香山澳互市遣西洋寄居商夷禦之得其銃製今所造紅夷銃是也

利未亞　利未亞在中國西南數萬里外西儒稱爲寓內第三大州也跨赤道而居南北一萬七千餘里

東西一萬九千餘里大小百餘國迤北濱海一帶產
馬强有力善走能與虎鬬
阨入多　利未亞東北有阨入多地恒暘無雲雨夜
可不室而臥覘星辰倍明婦人一乳三四子有機智
好格物天象水法極精舊孟斐斯城曰該祿有百門
高百尺行三日始遍五百年前此國最强善象戰戰
時以桑椹色覘之則怒而奔敵所向披靡鄰國畏服
今其國已廢城爲水嚙止有市廬三十里猶通各國
商旅其地近地中海一帶有馬邏可以蜜爲糧有弗
沙都城有三里之殿爲戶三十有亞非利加地肥腴

麥秀嘗三百四十一穗稱爲大地囷窌倉有奴米弟

亞人獰惡

馬拿莫大巴　利未亞東北近紅海之地爲國甚多人皆黑色唯北稍淡迤南則一望如黑桼而齒目則又極白南馬拿莫大巴國氣候甚熱其民侗愚所居極穢濱海皆沙凡人踐之即成瘡痏黑人坐臥其中無恙喜食生象肉齒銳如犬不知文字無兵刃唯剡木爲矛甚銛善走可及奔馬善水潛行數里他國號爲海鬼性不知憂慮樸實耐久常爲他國所繫擄轉相鬻賣爲奴甚忠善視之則肯捨死賜以赭衣及酒

輒大喜國敬王王偶噎則舉宮舉朝舉國一時皆大聲諾諾以與王聲相應也

井巴　利未亞南有狄好勇喜鬭衆十餘萬無常居乘馬及橐駝隨在遷徙所至即殺人凡鳥獸蟲蛇俱食之必生類盡絕乃轉之他國

亞墨利加　亞墨利加國在中國東隔海數萬里外西儒稱爲寓內第四大州也一在赤道北曰北亞墨利加一在赤道南曰南亞墨利加一峽相連地方廣袤幾半寓內大國數十其戰法隨地而異

孛露　南亞墨利加西有孛露廣袤萬餘里大小數

十國地肥磽不一肥者不耕而藝產花草皆上品目爲大地苑囿禽獸羽毛聲音樂律珍奇美麗亦爲大地第一不知文字多金銀獨不產鐵兵器皆用燒木銛石今貿于歐邏巴始微有鐵器產異羊同騾馬乘載可以致遠然性崛強識人語有時仆地雖鞭策至死不起以好言慰之乃起而走如用之戰陣遞運馱載亦可

亞老哥　孛露旁一大山有亞老哥國強毅果敢善弓矢用鐵椎不立文字口說甚精最易動人大將誓師不過數言三軍皆感激流涕厲死決戰

伯西爾　南亞墨利加東有伯西爾國天氣和平人壽無疾他方有病者至此卽瘳無君長文字俗多裸體亦散居善射後矢貫前矢交射則矢相觸墮地

智加　南亞墨利加南有智加或曰卽長人國人長丈許遍體生毛男女以五色畫面地近南極甚寒好挾弓矢矢長六尺嘗揷矢入口沒羽以示勇

墨是可　北亞墨利加地土富饒前無馬及得西域馬種產亘騎甚多其南有墨是可屬國三十故城容三十萬家守都城恒用三十萬人有兩湖不通海新城創湖中周四十八里用獨力木植水內爲樁千年

不朽上加板石砌城郭宮室街巷甚宏麗每與他國爭隣國嘗助兵十餘萬國中有一大山山中人最勇猛一可當百善走馬不能及善射人發一矢彼發三矢百發百中鑿敵腦骨以爲飾如賈與一衣則感激甚終歲衛之極力西南有花地男女僅以獸皮蔽前好戰不休有農地多崇山茂林出怪獸人皆強力武勇能搏取其虎以爲裘爲屋

女子島　亞墨利加之島甚多有女子島勇而善射生女數歲即割其左乳以便弓矢昔有商船行近其島遇一女子盪小舟至射殺二人其去如飛莫可制

禦又旁一島出異泉以日未出時汲之浴面百遭老
者復如童子

西北諸蠻　北亞墨利加地愈北人愈椎野無城郭君長文字數十家成聚以木栅爲圍好酒好闘日事攻剽尋仇怨平居閒暇即以闘爲戲賭牛羊丁壯出戰一家女子老小咸持齋祈勝勝則家人迎賀斷敵人頭築墻再戰老人指墻上髑髏咨嗟朂之女子斫仇人指骨爲身首之飾若獲大仇則削其骨二寸許鑿頤納之露一寸以章功頤樹三骨者爲雄壯人咸畏之凡出戰所有珍愛之物悉載而去誓無返顧男

女悉巨力善走凡遷徙雖負重上下山險如飛

兵跡卷十一終

寧都魏禧凝叔編輯

邊塞編

遼東　遼東古遼地自東海岸起西連薊鎮沿邊一千餘里三面瀕夷一面阻海東距鴨綠西控山海而東隣朝鮮東北女直西北兀良哈時多竊發戰守之法必當規三岔以通上谷之徑控金海以擅魚鹽之利東據開元以為襟必整理咸遠青陽而開元乃固北據廣寧以為吭必措置臨潢鎮靜而廣寧乃堅至于山海限隔塞之則彼亦難來此亦難往中原有事

其自爲一區乎

薊鎭古漁陽　薊古會州地東自遼鎭西至宣府一千餘里北濱兀良哈地明初設大寧都司營州等衞與遼東宣府東西並建爲外藩又修山海喜峰古北潮河川黃花鎭爲內邊成祖援棄外藩以與兀良哈而內藩始薄然于諸峰口修築亦可扼守而終不若內外並建之固也當事者其審時而爲之

宣府　宣府古上谷郡東距薊起黃花鎭西至大同平遠堡一千二百餘里地略北虜明初設開平衞置八驛東則涼亭沈河賽峰黃厓直接大寧西則桓州

威虜明安隰寧直接獨石成祖三犁虜庭皆自興和萬全出入自大寧委俾興和亦廢開平獨立難守乃移衞獨石土木之變獨石入城皆沒而宣府乃重鎮矣宣府自東路之西海治慶中北二路抵西路之西陽河爲大同界雖有險可守然無如開平爲善也

大同　大同古雲中地東自宣鎮西陽和起至山西丫角山六百餘里地勢平衍故多大舉之寇東則天聖陽和爲虜入順聖諸處之衝西則平虜威遠中則左衞右衞爲虜南犯應朔必窺之路平虜西連老營與偏頭關近直過黃河爲套虜往來之口唐築受降

城在河外漢用主父偃之策據河以守明初建置豐州獨衛東勝已失四面之險遠正統以後又棄東勝大同藩籬日薄矣在當時補偏救弊守天城陽和者宜分據瓦窰永嘉白羊鵶鴿之險守左右二衛者宜分據黑山華皮溝牛心兎毛河之險守平虜老營者宜分據黃家山井坪紅門之險而西北庶幾矣乃若大同西南境則有偏頭寧武雁門三關而寧武居其中當華夷之要爲東西應援實陽方義井之門戶外接八角堡內維岢嵐州三關總要也偏頭逼近黃河與虜套最近自渾脫飛渡警報不息然山澗崎嶇難

于大舉老營東接平虜至大同邊不遠使東西聯絡
築邊固守則丫角墩而南陽方口而東烏用紛紛也
雁門當廣武朔州馬邑大川之衝通忻代崞諸郡縣
之路虜從左右衛而入東越廣武則北樓平刑皆爲
虜衝西越白草溝則夾柳鵰窠莫非要害雁門警備
爲急矣故議者以宜尋漢唐之故迹東勝之舊封爲
要云

山西鎮　山西東自大同丫角山起西至延綏鎮一
百餘里明初屯戍外藉大同爲藩籬內恃三關爲屏
蔽然黃河東舊有東勝與大同大邊閼平與和相聯

通爲一邊外狹內寬三關十八隘口乃重險耳守東勝三關未爲要害東勝關平俱失三關獨當其衝虜未駐牧防守倘易弘治時虜據套中偏頭迫近黃河焦家坪娘娘灘羊圈子皆渡口往來保障爲難故三關要害雖同偏頭尤急十八隘口雖同胡谷口陽方口石峽口尤急河岸渡口雖同娘娘灘太子灘尤急嘉靖始治偏頭關尋移治寧武則有愈退愈縮之機矣復東勝踞河套豈可後哉

榆林　榆林東自黃河黃甫川西至寧夏鎮一千五百餘里明初治綏德成化時余子俊移鎮榆林增修

營堡千二百里橫截河套之口包收米脂魚河東聯牛心以便應援西截河套以便耕牧千餘里內樹藝圖獵之利皆擅而有地方富庶遂稱雄鎮焉王越則云虜賊大舉或由榆林東雙堡山入寇綏德則無險難守或由西南定邊營花馬池入寇固原則路遠難援或由中亂峰墩野豬狹直冲魚河則斷榆林綏德為兩又自定邊營西抵寧夏東黃河岸橫城堡三百里中多平漫沙漠虜大舉多由此入經斯鎮者宜審處焉

寧夏　寧夏古朔方河西地東自榆林西至固原千

八百餘里賀蘭山環其西北黃河襟其東南爲關陜重鎮衛城西南百餘里有峽山峽口兩山相夾黃河經其中誠塞北一勝概也成化前虜患多在西河自虜據套河東三百里更爲敵衝矣築墻畫守始于徐廷璋而花馬池一帶皆楊一清王瓊唐龍增築明初撤受降衛東勝乃因河爲界東接大同西接寧夏套中方千里皆我耕牧開屯四百萬頃歲省內地轉輸後東勝既援虜處套中則非昔比矣自其時言之以平虜爲一路而其險在鹽山新興靈武等處以寧夏爲一路而其險在赤水寧化玉泉馬跑等處以中衛

爲一路而其險在東園堡柔遠堡舊安寨等處此西北一帶也東北近套則以花馬池爲一路而其險在定邊營楊柳堡清水興武鐵柱泉靈州等處而靈州爲尤急蓋靈州北臨廣武西控大河實寧夏之喉襟中原之門戶靈州不守則寧夏截爲外境環固勢孤無援無環固是無陝矣此防寧夏之大勢也

固原　固原開城縣地自寧鎮起西至甘肅界二百餘里成化以前所備者惟靖虜一面耳自弘治火篩入掠之後遂爲虜衝于是始卽州爲鎮以固靖甘蘭四衛隸之與寧夏爲唇齒焉花馬池一帶邊人謂之

大門若與寧夏併力堅守花馬池則固原自可無虞靖虜一帶每歲黃河冰合一望千里皆入平地若賀蘭山后之虜踏冰馳蹂則蘭靖安會之間皆其蹂躪矣調兵防守候在冰凍每歲凡四閱月徒恃西鳳臨鞏之兵則遠不經戰故不添沿河之守不屯常戍之兵則固原未見其固也小鹽池批驗舊在固原來商旅貨財以實此地亦其一端耳

甘肅　甘肅河西四郡地武帝所開以斷匈奴右臂者自固原起西至嘉峪關沿邊一千五百餘里孤懸河外惟一線之路內通西控西域南臨羌戎北遮胡

虜經制頗難明初棄燉煌畫嘉峪關爲界由莊浪之南爲湟中置西寧衞由涼州以北爲姑臧置鎭蕃衞又設甘州五衞于張掖肅州衞于酒泉蘭州衞于金城亦爲密矣而紅城當莊浪西寧之中可便策應而苦水黑山是其外護鎭番爲涼州永昌門戶大埧紅紗又鎭番要害而長草湖一帶尤爲入寇之衝其地雖有險可據但遠在揚州三百里之外四面受敵尤極孤危且溥于鹽利華夷賴之恐爲必爭之地而甘州則祁連臙脂二山在焉乃匈奴要地漢時嘗失此山嘗歌曰亡我祁連使我六畜不蕃亡我臙脂使我

婦女無姿明朝設肅州爲甘州門戸又離六十里築嘉峪爲肅州籓籬關外有羈縻六鎮乃哈密赤斤定安等衞是也設哈密赤斤陷于土番定安破于海賊而甘州之門戸單矣許氏云北虜倏去倏來南番坐守之夷土魯雖兩犯甘肅閉關絕貢無茶則五日渴疾不汗死矣亦足制之也當斯者其有以處此乎

紫居　紫荊居庸二關逼處于燕而燕自召公後建國者固嘗有至金元迄明則遞以爲都也向守東勝大同爲外險偏頭寧武雁門三關爲內險三關十八隘東有紫荊又東有居庸尤爲近險山勢連亘實天

設之曩經增築胡騎至此亦不得入此固近日之明效也又元人敗金曰勁卒擣居庸北拊其背大軍出紫荊南扼其吭拊背猶可扼吭絕食則人呼吸性命之關其由紫荊疾馳不數日可絕吾運道立言之輕重又可思也故內外之險雖堅近險不可不固近險旣固重險雖破尤足守也築紫荊居庸者必如三關大同諸邊乃善而紫荊居庸又以紫荊為重也都燕者不可不知也

高闕　高闕者高山中斷兩岸直削若闕焉史謂古朔方臨戎縣北連山中斷之處是也按朔方古夏州

今黃河套中世不知其所在然就邊關言則處處有之其最大而要者居庸紫荊松亭雁門井陘皆是若此者乃天造地設之險中斷一線以通往來苟修築屯守則外不得入內不得出實爲守禦之界限歷代防邊者未有不藉手于此也然而亦有得有失又明乎人事之不可不知也

長城　長城世代修築秦昭爲隴西北地上郡趙爲代并陰山下至高闕燕爲遼陽至襄平秦昭并六國乃相接續而爲萬里長城焉後若魏若北齊隋迄今代代築之有謂秦閭左之失由蒙恬絶傷地脉不知

山勢連亘崇峻實華夷之限築斷補缺以禦衝突則亦人事與天工並修也土可畚則畚石可斸則斸磚可砌則砌無傷也又曰長城易潰須刻而入無益疆圉不知無長城則塞下田不可得而耕一騎長驅耕夫鼠竄將轉輸不勝其困矣塞下人不可得而居朝取數人委溝壑暮取數人驅之虜將兵勢亦從而孤矣惟外憑長城以爲藩內列堡塞以爲固叩垣則矢石備施入塞則左右邀擊人長耕守塞下蓄積多而粟不乏生息蕃而兵徒廣攻擊頻而戎情習守禦久而戰法精且長城雖可入然堤水而浸潰必有方引

繩而牽斷必有處虜小舉不能犯大舉必有方烽燧明而野易清出處知則應援易進無所獲則有飢渴之苦欲深入又有截後之虞非若舉足便入入而即利者也長城之修所以千古不易也

民堡　長城可爲藩籬而不可恃以爲固堅壁清野使民有所守虜無所獲則在于堡然必計道里相距之遠近民丁之多寡以爲之使星列碁布首尾接應具蘭石布渠荅高崇堅厚虜入則拒守虜去則勦追無事則耕田力作有事則互相應援耕田力作則塞實互相救援則守固夷情戰法俱可稔知虜其敢輕

入平故長城之內民堡爲亟也
明兵制國初置立四十八衞分中軍左右哨左右廠日五軍營無事則戒弓馬習技擊環衞都城有事則簡師命卒分統以出事已而休成祖因之又以龍旗寶纛等物下三千胡騎立三千營後征交趾得神槍火箭之法立神機營是爲三大營歲以班操春秋番鍊益詳備矣後海宇昇平兵制浸壞正統時京營之兵幾不能授甲于肅愍乃于三大營拔其驍銳分十營營萬人隊長統五十人隊官百人把總千人都指揮五千人訓練之方則有八陣八陣中分爲六十四

陣織微委曲咸有可觀謂之團營營萬人成化之初又增爲十二營曰奮武耀武練武顯武敢勇果勇効勇鼓勇立威伸威揚威振威營萬人京兵八萬益以外兵八萬分兩班隸之期年一報代初十二營之選也其任者選鋒不任者歸本營曰老家而戎政府之名立矣久之益壞嘉靖乃復三大營改三千營爲神樞營迄今因之

兵跡卷十二終

兵跡校勘記

卷一　五葉八行壞原誤懷　又十五行用原誤動　七葉
六葉十一行文原誤煬　又十九行隊原誤墜　七葉
十一行留原誤流　九葉十七行宗原誤帝　十葉
一行上原誤尙　十一葉五行綦原誤其　十四葉
一行原空二格補欒書二字　又六行頟原誤穎　十
五葉十行原空一字　十七葉九行室原誤食　二
十葉十七行恇原誤惟　又十九行阪原誤板　二十
三葉一行糒原誤備
卷二　一葉十四行益原誤翼　二葉十五行酈原

誤麗　三葉十二行鬚原誤髯　又十八行裴原誤斐
五葉六行郵原誤郅　又十行頻原誤煩　七葉一
行和原誤禾　又二行枋得原誤坊德　又七行臨淄補
淄字　八葉七行遺后疑作遺石　十一葉十五行
見者疑作間者　十四葉二行過原誤席　又十六行
灼原誤酌　十七葉六行姝原誤殊　又十四行則于
齊句有脫字　二十葉十二行技原誤妓　二十六
葉千六行匍原誤捕　又十九行語原誤事　三十葉
四行羹原誤羔　三十三葉九行扶原誤扶　又十五
行具王者三字有脫誤　三十八葉三行懦原誤濡

四十三葉二行繚原誤僚　又六行十原誤千　四十五葉十三行爇原誤熱　五十一葉四行齊原誤晉　五十四葉十一行斜原誤邪　五十七葉九行原缺四字　又十八行原缺四字　六十三葉五行耕字下原空格　六十五葉四行膚原誤膚　六十七葉五行禦手原誤以禦　七十一葉柴原誤紫　七十三葉十九行遇原誤過

卷三　八葉十九行漢原誤況　十葉五行霸原誤伯　十三葉二行杳原誤資　十四葉十二行居原誤層　十六葉十六行馮原誤鴻　十七葉一行愛

原誤受　二十二葉十四行原空三格　二十六葉
七行宗原誤帝　二十九葉十二行傅原誤付　三
十一葉十行之原誤周　又十二行浸原誤侵
卷四　一葉十三行勢此比常山疑衍此字　三葉
七行帝不能識原鈌不字　又九行嬰下原鈌一字据
抱朴子補城字善乃猛之誤亦据改　又十八行右原
誤又　五葉九行整原誤正　十四葉九行寮原誤
蔡　又二十行練原誤煉　十五葉五行有兩字空格
乃蟲蝕　十七葉三行矣原誤笑　又四行誰原誤屬
又九行詭原誤哫　十八葉十五行腋原誤掖　二

十三葉十三行詰原誤結　二十五葉一行疊原誤
疊又十行攻原誤動　二十七葉十五行世祖原脫
祖字又二十行綖原誤珽
卷五　二葉二十行湖原誤胡　八葉十八行去原
誤光　十一葉十二行過原誤遇　十四葉十五行
若原誤不又二十行他原誤苟　十七葉六行擣原
誤鑄
卷六　五葉七行原空二格
卷九　六葉五行七千原誤七十　七葉一行膏原
誤羔

卷十　十一葉十五行張仁愿原缺張字　十七葉五行笏原誤力

卷十一　三葉十二行獰原誤寧

卷十二　二葉十二行統原誤純　七葉十六行知原誤至　八葉三行瑱原誤傎　又六行溝原誤清　九葉末行三千營原脫營字

右兵跡据寧都何氏以仁舊鈔本付栞乙卯臘月

宛平劉家立記

國家圖書館出版品預行編目資料

兵跡／（清）魏禧著；李浴日選輯. -- 初版. --
新北市：華夏出版有限公司, 2022.04
面；　公分. -- (中國兵學大系；08)
ISBN 978-986-0799-42-2(平裝)
1.兵法 2.中國

592.097　　110014486

中國兵學大系 008
兵跡

著　作　（清）魏禧
選　輯　李浴日
印　刷　百通科技股份有限公司
　　　　電話：02-86926066　傳真：02-86926016
出　版　華夏出版有限公司
　　　　220 新北市板橋區縣民大道 3 段 93 巷 30 弄 25 號 1 樓
　　　　電話：02-32343788　傳真：02-22234544
E-mail：pftwsdom@ms7.hinet.net
總 經 銷　貿騰發賣股份有限公司
　　　　新北市 235 中和區立德街 136 號 6 樓
　　　　電話：02-82275988　傳真：02-82275989
　　　　網址：www.namode.com
版　次　2022 年 4 月初版一刷
特　價　新臺幣　720 元 (缺頁或破損的書，請寄回更換)

ISBN-13：978-986-0799-42-2

《中國兵學大系：兵跡》由李浴日紀念基金會 Lee Yu-Ri Memorial Foundation 同意華夏出版有限公司出版繁體字版